主厨秘密课堂

完美的西餐摆盘艺术

食谱 · 技巧 · 灵感

[德] 安克 · 诺亚克 (Anke Noack) ◎ 著

姚 红 ◎ 译

机械工业出版社
CHINA MACHINE PRESS

Der perfekte Teller: Anrichten wie die Profis: Rezepte, Tipps & Inspirationen. Jedes Rezept mit Step-by-Step-Fotografien
ISBN：9783959616140

图书在版编目（CIP）数据

完美的西餐摆盘艺术 /（德）安克·诺亚克（Anke Noack）著；姚红译. -- 北京：机械工业出版社，2024. 9. --（主厨秘密课堂）. -- ISBN 978-7-111-76096-2

Ⅰ. TS972.118

中国国家版本馆CIP数据核字第2024G9F656号

机械工业出版社（北京市百万庄大街22号　邮政编码100037）
策划编辑：范琳娜　卢志林　　责任编辑：范琳娜　卢志林
责任校对：张爱妮　陈　越　　责任印制：张　博
北京华联印刷有限公司印刷
2024年9月第1版第1次印刷
210mm × 260mm · 15.75印张 · 2插页 · 192千字
标准书号：ISBN 978-7-111-76096-2
定价：98.00元

电话服务
客服电话：010-88361066
010-88379833
010-68326294

网络服务
机　工　官　网：www. cmpbook. com
机　工　官　博：weibo. com/cmp1952
金　　书　　网：www. golden-book. com
机工教育服务网：www. cmpedu. com

封底无防伪标均为盗版

Preface

前言

餐厅的工作繁忙而琐碎，传菜员对着厨房低声传达“4号桌，30秒”——这是我实习的第一天，站在伦敦星级餐厅Petrus的出菜口听到的话，厨房工作人员如乐团一样紧张而有序地工作。令我吃惊的是：30秒，1秒不差，传菜如闪电般迅速进行。主厨在厨房专用保温灯下，井井有条地将烹饪好的食物摆进盘子里。他一丝不苟地把根芹泥、煎得恰到好处的菲力牛排、半棵朝鲜蓟、煎脆的培根、炸洋葱圈、香草摆在盘子里，再放上同等重要的酱汁——至此，一幅艺术作品诞生了。我站在主厨背后，亲眼目睹了这一切。最后，主厨用厨房巾轻轻擦掉些微残渣，立刻端到客人面前！

看着一盘盘悉心摆好造型的精美菜肴，我突然体会到：盘中的餐食不仅美味可口，也是可以拼接成艺术品的原料。食物的味道虽然重要，但好吃与享受美食之间，有一个差距——充满想象力及细微处见功夫的摆盘艺术。摆盘将美食变成视觉享受，使用餐成为一种更为美好的体验。

这种艺术不是星级餐厅独有的，自家厨房也可以实践这门艺术。只是我们常常缺乏灵感及耐心，或者我们意识不到，其实只要用一点小技巧，就立刻能把普通的菜肴变成视觉上的大餐。意识到这点后，我在Petrus实习时，便争取尽可能多的机会观察主厨摆盘，学习摆盘过程中的灵感与巧妙的构思。我在影视行业做律师几年后，把这段在泰晤士河畔的实习经历，以及后来在别的餐厅的实习经验，作为休假的美妙体验，并借此机会实现了长年的梦想——到英国起步最早的Tante Marie Culinary Academy烹饪学校学习进修。在这里我学到了烹饪的基本知识，分切整只禽畜；烤面包、片鱼；制作酱汁，以及如何策划大型餐饮活动。英国伦敦2012年奥运会期间，我幸运地进入了贵宾厨房的工作组，甚至有机会为英国皇室成员烹饪。

这段虽然忙碌但却充实的工作经历，对我而言每分钟都是享受，而且学到了很多知识。我对摆盘充满兴趣，而且惊喜地发现，只要加上一点小技巧就能出现令人惊艳的效果，不仅在自己厨房里实践，还带到了我在维也纳的私人厨房——Genusskartell，这是我的实验厨房及摆盘艺术游乐场。在这里，我尝试将自己学来的技巧及秘诀，灵活运用在各式菜肴中。

每次尝试，都令我更加沉迷于摆盘艺术。我本来就爱好烹饪，而且在 Petrus 餐厅的经历让我大开眼界，终于悟到，色香味俱全的菜肴是多么令人惊艳，而且精美的造型艺术，并非只有星级厨房或顶级大厨才能拥有。只要掌握了诀窍，就可以达到事半功倍的效果，使普通的餐食摇身一变为视觉盛宴。试一试，就能看到天差地别的变化。

我在摆盘艺术中体会到的乐趣，希望和你一起分享，在书中，我倾囊传授所有相关的摆盘知识和技巧，你可以在这些基础上自由发挥。书中的内容能给你带来灵感及开启想象力，各式颜色或各种元素你可以自由选择，灵活组合，在餐盘中尽情发挥个性和创意。记住，没有正确的摆盘方式，只有你和客人喜欢的摆盘方式！

最后，祝大家胃口大开，并肆意尝试各种摆盘艺术吧。

Anke Noack

Contents
目 录

摆盘的乐趣

最先享受美食的，并非舌头，而是脑袋。眼中看见精心摆设的餐食，就会脑补食物的美味，并胃口大开。此时再飘来刚出炉的面包及肉排的香味我们便会难以抑制地垂涎欲滴了。赏心悦目的摆盘，诱人的香味，会使美食体验更加深刻。而且，研究人员发现，食物的“色”越好看，我们就越觉得食材好吃。

因此，不管你是想奖励自己一顿浪漫的晚餐，还是想在朋友面前彰显你的厨艺，记住：食物不仅“味”重要，“色”也同样重要，餐桌及摆盘显示出来的效果，也非常影响人的食欲。优雅的餐具及经典的香草装饰只是开始，想让一顿饭令人难忘，就要准备充分，做好计划，这并不麻烦，因为只要掌握基本原则，加上本书里的技巧，稍微练习，就可以达到惊艳的效果。

本书的第一部分和第二部分，提出了在计划及准备烹饪时必须注意的关键点，以及摆盘的想法。除此之外，你可以通过书中的装饰步骤图，来学习一盘菜肴变为优美艺术的过程。

在第三部分和第四部分，列举了一些能直接照做的餐食，可以按图索骥，制作出属于自己的“艺术作品”，包括开胃菜、前菜、主菜及甜点，从厨房新手也能制作的简单菜肴，到厨房老手的复杂品类，一应俱全。

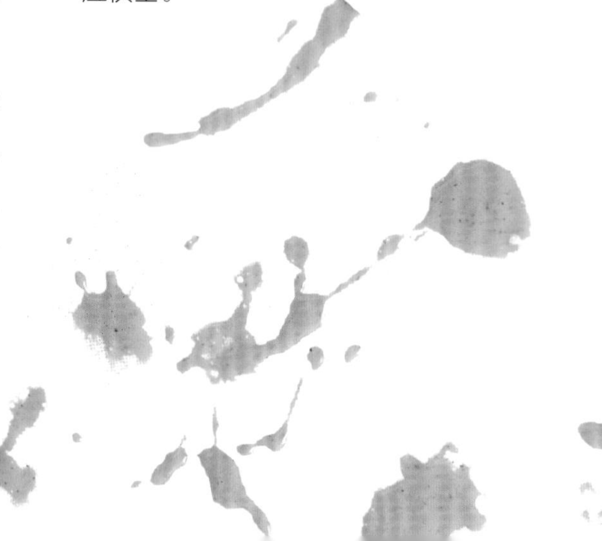

摆盘的创意设计来源于各种元素巧妙的搭配和灵巧的变化，从而使菜肴成为一件完整的艺术品。第一步是菜单规划，选择合适的菜肴；第二步是选择合适的餐具和装饰元素；第三步是摆盘。

do it

动手吧

菜单规划

菜单规划的决定因素

菜单规划之前，首先要考虑举办宴会的原因、宾客有哪些、厨房现有的设备、餐具，以及预计的开销、准备的时间、烹饪及摆盘等，这些因素都会影响最终上桌的菜肴特色，以及摆盘及上菜方式等。下面是几个重点。

第一，举办宴会是想拥有浪漫的烛光晚餐，还是和朋友轻松惬意的聚会，或者是工作伙伴的正式宴会？宾客人数、准备时间、预算开销，以及菜品和摆设，都会随这些因素而不同。

第二，在采购、准备及摆设上，你有多少时间及耐心？时间多的话，菜品及装饰就可以复杂一些。如果时间不多，最好选择简单菜品，加上精心搭配的装饰和精美的摆盘，同样可以大大加分。

第三，吃饭时，你的身份是主人还是厨师？精美的摆盘效果很好，但很耽误时间。记住，如果想追求完美的烹饪及造型，那你大部分宴会时间，都只能把自己定位于厨师，一直在忙碌于摆盘上桌。

第四，你不想错过与大家在餐桌上的时光？那就只能准备简单些的菜品，把精力花费在你精选出来的想成为视觉焦点的菜品。既想追求完美又想与大家共度美好时光，是不可能的。只能尽可能简化步骤，不要为了追求精美的摆盘，而使菜肴变凉了。

第五，你想将菜按每人一盘分装好上桌？还是把餐桌和餐食布置好，客人想吃什么自己选？前者可以尽情展示你的摆盘创意，但相当耗费时间；后者可以节省大量时间。尤其是客人较多时，两者所花费的时间和精力差别很大。

第六，客人的情况，以及他们的饮食偏好也是要考虑的。男性一般食量更大些，爱运动的人偏向于吃高蛋白的食物。规划菜单时，还要考虑是否有人只吃素食或对某些食品如面粉、牛奶或坚果过敏等情况。

第七，计划做包含好几道菜的套餐，还是只有一道菜？如果是套餐的话，两道菜之间要前后呼应，也不要出现食材重复的现象。如果只有一道菜，分量要足够，不要让客人饿着肚子回家。

最后，烹饪器具及餐具的数量够不够用？

食材

规划菜单时，首先应该确定每道菜的主要食材，其次是配菜和装饰部分。一道菜有几种食材，不仅决定了味道，还决定了烹饪时间。主菜，除了主要食材之外，还需要搭配至少一种蔬菜、一份碳水化合物如土豆、米饭或意大利面食，以及酱汁及装饰食材。成分更多的话，可能看起来更丰盛，但最能引人注目的，不在于多，而在于食材的色香味达到平衡的状态。

颜色

想要摆盘的效果更漂亮，关键在于主食材和配料的颜色要和谐，对比色会使整体看起来更精美，视觉效果更有冲击性；只有一种颜色的话，未免显得过于单调，如在土豆泥上放鸡胸肉，再搭配烤欧防风，这几种食材都是白色的，如果用甘薯泥替换土豆泥，欧防风换成脆脆的西蓝花，菜肴的“色”就比之前好看太多，也能让人感觉更美味。如果搭配红葱头酥、炸土豆丝，罗勒青酱或蔬菜脆片，这样色彩缤纷的菜肴，会给人全新的感觉。

如果你不想把菜肴做成五颜六色的，也可以选择一个主色，再搭配它的对比色。记住：一道菜最少也要两种颜色才好看。

如食材颜色相似，或者菜品的颜色就是黯淡的，可以使用一些颜色鲜艳的配菜或装饰食材，如新鲜香草、可生食的菜叶、水果、可食用花瓣等，搭配不同的菜肴，提升视觉美感。

另外，还可以选择不同颜色的蔬菜来搭配，如紫土豆、黄甜菜根、紫胡萝卜，也可以把食材用另一种食材染色，如用甜菜根的汁液腌渍三文鱼，鱼肉边缘部分会变成紫色；蛋白霜制作的甜品，可以用覆盆子类的水果泥来增加色彩；海鲜意大利炖饭可以用墨鱼汁染色，还可以使用食用色素来改变食材的色彩。

味道

一道完美的美味菜肴，诀窍就是食材搭配得当，找到主食材最搭的那个配菜及装饰食材，把各种味道完美融为一体，达到至高境界。配菜要能烘托出主食材的味道，或者和主食材的味道形成对比。如果你想把各种味道融合得恰到好处，必须先了解人类是如何品尝食材味道的，味蕾能品鉴出酸、甜、苦、辣、咸，以及鲜味，还能辨别酒味、油腻等。当菜的滋味达到平衡时，我们感觉吃起来很顺口。但是，菜肴是否好吃，不仅仅取决于味蕾，色和香也非常重要，嗅觉甚至占了80%，所以只有色香味俱全，才是一道完美的菜肴。

味道具有对比性的菜品，会让人胃口大开，下图展示了哪些味道为对比味道，直接搭配即可。如黑巧克力蛋糕，适合搭配咸味焦糖酱；芝士蛋糕适合搭配百香果凝胶，用水果的微酸来解甜腻。

主食材和配菜选择完毕，下一步就是菜品的风格选择，是做成清爽的夏日解暑菜，还是加入肉类做成主菜呢？如果以扇贝为前菜，那么可以搭配薄荷泥豌豆西班牙辣肠及鳟鱼子，即可做成清爽的夏日菜肴，有味道温和的扇贝，清爽的香草，带辣味的香肠，加上鱼子的海鲜咸味，相互映衬。如果想用扇贝做成主菜，可以搭配咸味五花肉、甘薯泥及芥菜子；要想口味清淡的话，搭配五花肉及苹果茴香沙拉，用苹果的清新酸味来调和。也可以别具匠心地把扇贝做成开胃菜，加上芒果龙舌兰，再加一点辣味食材，味道别具一格，还可以搭配白巧克力酱，以及鱼子及鲜甜的豌豆苗。

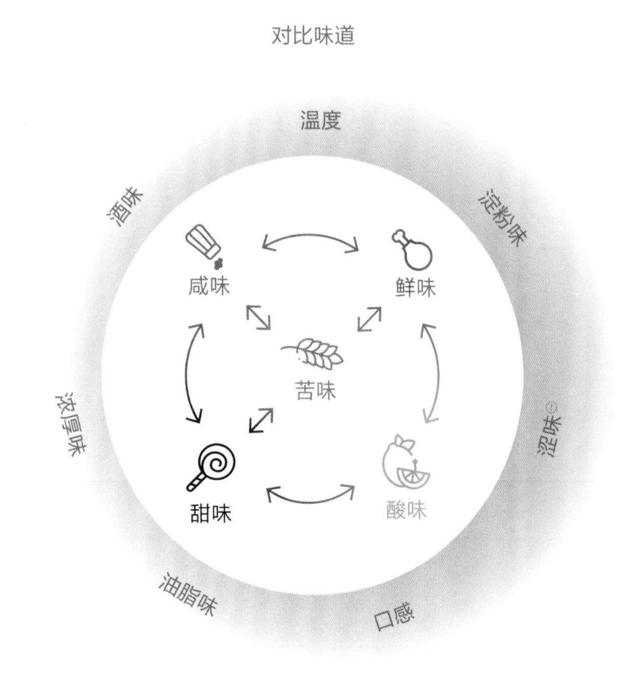

㊀ 涩味指菜汤和葡萄酒中的涩味。

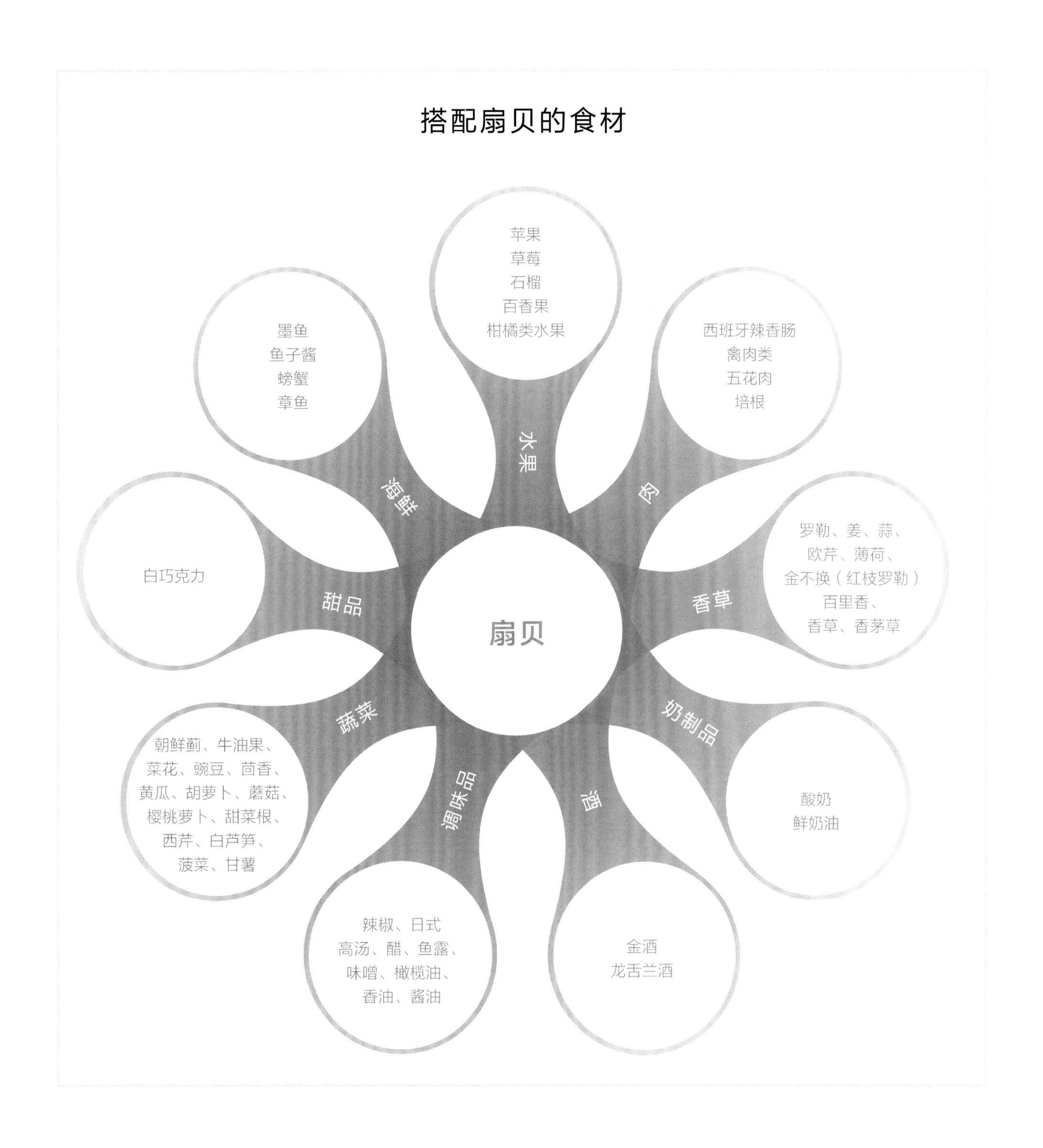

食材的新鲜程度和品质，会极大影响菜品的味道，不仅仅是鱼、肉，或者芝士、蔬菜、水果，包括橄榄油和面包的品质，也会影响味道。即使再精美的摆盘艺术和巧妙的装饰，也依然让人败兴，而且还浪费了烹饪和装饰的时间和精力。

质地

除了颜色及味道，质地也会提升菜品的吸引力，品尝不同质地的食材，可以带来更丰富的口感体验和刺激。南瓜汤浓稠一点更好喝，又能在逐渐变凉的秋季给人带来温暖的感觉，加上几滴南瓜子油、一点儿面包丁及葵花子，不但看起来更美观，吃起来也更有意趣。

好吃的食材的质地有很多，有酥脆、筋道、细腻、浓稠、蓬松、紧实等。外皮煎得酥脆的肉，搭配细腻顺滑的蔬菜泥，以及脆脆的薯片，加一点轻盈的泡沫和一两种浓稠的酱汁，不仅味蕾得到更多刺激，视觉上也十分诱人。

想要一盘菜有着多种质地，不仅可以通过选择不同食材来实现，还可以通过不同的烹饪方法来达成目的。17 页图中展示了胡萝卜这种食材，如何运用不同的烹饪方式，做成不同质地的菜品。如制成凝胶、做成蛋黄酱、切条烤制、腌渍等。如果菜肴的食材质地相似，如胡萝卜及欧防风，就可以用不同的烹饪方式来区分口感，避免单调，给客人带来惊喜。

- 烹饪方法不同，不仅会影响质地，也会影响菜品颜色。可通过油煎、煸炒、烧烤方式，使食材发生美拉德反应，形成金黄色的外壳，口感酥脆。如使用烧烤盘，食材会因为烤盘的凹槽而产生经典的烧烤纹路。

- 煮过的食材基本上会保持原色，但如果煮太久蔬菜会变黄，口感软烂，看起来就知道不好吃了。所以西蓝花或菠菜之类，应快速焯水，然后迅速入冰水中。这样可保持翠绿色，以及鲜脆的口感，甚至能让颜色更鲜艳。也可以蒸蔬菜，更温和，也能保留食材的本味、颜色和质地。

要想菜品中包含各种不同质地的食材，最快的方法是加进不同食材，如酥脆的坚果或瓜子、轻薄的巧克力碎片、爽脆的蔬菜或水果脆片；质地柔软的配菜可以考虑法式酸奶油或鲜奶油、浓稠的酱汁，以及其他装饰食材。

胡萝卜的17种不同质地

1 胡萝卜蛋黄酱（242页）
2 胡萝卜凝胶（241页）
3 胡萝卜泡沫（241页）
4 简易胡萝卜泡沫（64页）
5 腌胡萝卜（241页）
6 胡萝卜条、丁及薄片
7 细香葱胡萝卜冻（241页）
8 细香葱捆胡萝卜条（241页）
9 烤胡萝卜条（243页）
10 胡萝卜丝饼（243页）
11 胡萝卜海绵（243页）
12 胡萝卜芝麻酱（242页）
13 胡萝卜泥（243页）
14 糖渍胡萝卜（242页）
15 烤胡萝卜片（240页）
16 胡萝卜慕斯（242页）
17 糖衣胡萝卜（242页）

选择餐具

菜品虽然重要，但与之相配的餐具也很重要，就算是星级大厨，如果把菜品放在一次性纸盘中，也会跌落好几个档次。搭配适宜的餐具可以突显出菜品的美味，或者与菜品形成对比，如用简洁的餐具把食物衬托成“明星”一般。选择合适的餐具，能够与食物交相辉映、相辅相成。

餐具选择范围很广，不拘一格，但我推荐百搭基本款，可以搭配各种颜色和形式的菜品。最重要、最为传统、最好搭配的，当属白色餐具，不会抢走食物的风头，便于展现摆盘的艺术美感，使食材的色彩更加突出，而不会喧宾夺主，这也是全世界的餐馆大多选择白色餐具的原因。

如果使用黑色或深色的餐具，可以与颜色明亮的食材形成鲜明对比，也能起到突显食材的作用。但要避免搭配颜色暗淡的食材，否则会黯淡无光。彩色餐具如果和菜品颜色搭配得当的话，会起到令人惊艳的效果。近年来彩陶餐具流行起来，使用这种质朴的餐具能使食物看起来更有亲和力，营造一种家常的氛围。

如果不想用白色餐具，最好在宴请前，尝试下餐具与食材是否搭配，会不会被餐具抢去风头，能不能突出菜品。我建议，少用花里胡哨或形状过于奇异的餐具，容易喧宾夺主。

选择好餐具的颜色后，就要考虑餐具的形状与尺寸，食材放在长盘子与圆盘中，展现的效果是不一样的。选择餐具时，还要考虑食材的分量，必须相称，否则会显得分量很少，或快要溢出盘来，都不美观。

关于餐具的建议

小盘子适合放开胃菜与前菜，或者放面包、黄油。

小碗适合放蘸酱、流质及半流质食物、酱汁等。也可以在小碗中放入焗烤的食材或沙拉等配菜，再放大盘子上，效果很好。如果可能，可以用巧克力或帕玛森芝士制成小碗。

平底锅如铸铁锅很适合端上餐桌，用来放菜品，有种连锅带菜一起端上来的感觉，如皇帝松饼或水产、肉类等菜品。

石盘上可以放一些小餐盘，装着五颜六色的开胃菜，也可以放拼盘菜，大家共享。

木盘盛装点心、芝士拼盘、面包非常适合。

玻璃碗中装的食材让人一目了然，看起来很别致，可以放沙拉或甜点。

德国 Weck 品牌的密封玻璃罐曾是祖母使用过的，时隔多年再次流行起来，它有个好处：可以装上食物，放燃气灶上烹饪，或者放入烤箱中烘烤（当然必须是耐热玻璃制成），然后可连玻璃罐一起上桌。

汤匙也可以用来盛放小分量的开胃菜，非常别致，分量正好为一口大小，上面的装饰部分也必须是可食用的。

现在你可以自由发挥想象力，动手实践了。也可以打破传统，使用沙丁鱼罐头盒、试管等特立独行的餐具，或者注射针筒、铁丝网等，都会让客人眼前一亮。

烹饪器具

不用高科技烹饪用具，只要有一两把好刀和精确的量匙就可以做出看起来就很美味的菜品，不过下列用具可以让你事半功倍。

磨泥器，可将食材磨碎，如姜、巧克力、帕玛森芝士等。

镊子，可以精确夹起小分量或丝状的装饰物，非常趁手，是我必备的工具！

模具，长方形或圆形及其他形状的模具，大小不同，可以把开胃菜、主菜或甜点放入塑形再扣出。也可以放在盘子上，放入如意大利炖饭之类食材，压实后取出模具即可。

刮刀、曲吻抹刀，适合抹平奶油霜或泥状食物。有的刮刀带有锯齿，可以刮抹出图案。

切丝器，可以把食材切成不同粗细的丝、条，也可以切成片。

喷火枪，可喷出火焰，使甜点焦糖化，如法式烤布蕾，或灼烧肉类、蔬菜或蛋白霜。

厨房测温仪，在烹饪鱼或肉时，它是必不可少的工具。也可以用于做甜点，如制作意式蛋白霜时，糖浆的温度把握十分重要，这时就需要精确测温。

尖嘴挤酱瓶，可以将酱汁或泥状食物准确地挤入盘中，或对甜点进行完美的装饰。将挤酱瓶放在热水中可保温。裱花袋和花嘴也非常实用。

硅胶刷，可刷酱汁和泥状食材，还可以用来在烧烤模具上抹油。

面粉筛，在烹饪和装饰时都很好用，如在甜点上撒过筛的糖粉、巧克力粉或水果粉；如搭配镂空模板，可以轻松地撒出特定的图案。

还有其他很多好用的工具，如不同形状的模具、电子秤、手持搅拌器、打蛋器、螺旋切丝器、铲子、滴管、筷子、厨房用绳等。

做好准备工作

在烹饪之前就规划和准备好，在烹饪过程中就可以不慌不忙，准备工作有以下几点。

从头到尾仔细读一遍食谱，现在很少有人能踏踏实实看完。如果不看一遍，可能会造成主材已备好，但配菜还得腌渍几小时才能用。为了避免这种错误，我会将要做的菜的食谱完整读一遍，并且列出烹饪顺序，提前准备耗时较长的食材，这样就可以有条不紊地开展烹饪工作了，而不是被没有提前准备好的食材被迫打乱步骤。

万事俱备，就是在烹饪之前，尽量做好完备的准备工作。准备好工具；粗加工好食材；每道菜肴的菜品和配菜放在一个盘子里；酱汁及泥状食物放进尖嘴挤酱瓶；香草切好，用湿巾包好。这样做可以避免烹饪时手忙脚乱，有条理地进行烹饪。

烹饪后，厨房看起来就像战场，要避免这种状况，最好随手收拾和擦拭，用完的餐具立刻放进洗碗机；工具收回原来的地方。否则会乱成一团，找不到工具，或找不到空地放东西，然后烤箱里的食物又得赶紧拿出来。

想要食物保温的话，就把盘碗都预热或冰镇好。热菜的话，可以把餐具放在烤箱中，以60℃加热20分钟，上桌后温度刚刚好。凉菜的话，餐具应该提前1小时放冰箱冷藏或冷冻。

摆盘的几大要素

规划好菜单并准备好食材后，就要考虑摆盘问题了，如果将各种食材以巧妙的搭配方式盛装在餐具中，让人看见就胃口大开。

画家在下笔之前会先在心里勾勒出要画的画，才能做到胸有成竹。烹饪也是一样，要先构思出要达到的效果，然后开始拼摆食材，组合成一道完美的菜肴，最后再挤上酱汁或其他装饰食材，使整体效果更和谐。每道菜都有不同的摆盘方式。如果你为某道菜的摆盘冥思苦想，寻求灵感，会发现没有标准答案。无论你喜欢按照自己的想法尝试新的方式方法，或者喜欢有所参考，以下几个摆盘技巧会对你助益良多，掌握这些要领，就可以自由发挥创意，展现新意。练习越多，感觉就越灵敏，无论是丰富的晚餐，还是一小盘沙拉，你都能手到擒来，按自己喜欢的风格迅速出品。

意在笔先

定好菜单后，就要开始思考如何展现它，如果等到做完才考虑，可能会出现缺少想要的食材等令人沮丧的情况。只要开始着手摆盘了，就很难中途改变，最糟糕的是从头再来。

我在规划菜单时，会将想法随时画出来，它可以提醒我检查食材是否备齐，以及最终的效果是否和谐。

所以你要仔细考虑想要的摆盘效果，餐具是否相称？如何突出主食材？配菜如何摆放？泥状食物如何涂抹？装饰食材如何点缀使整体看起来更和谐？正如后文所说，要先考虑好基本架构，然后放上各种食材，点缀上装饰食材，按部就班方能处变不惊。

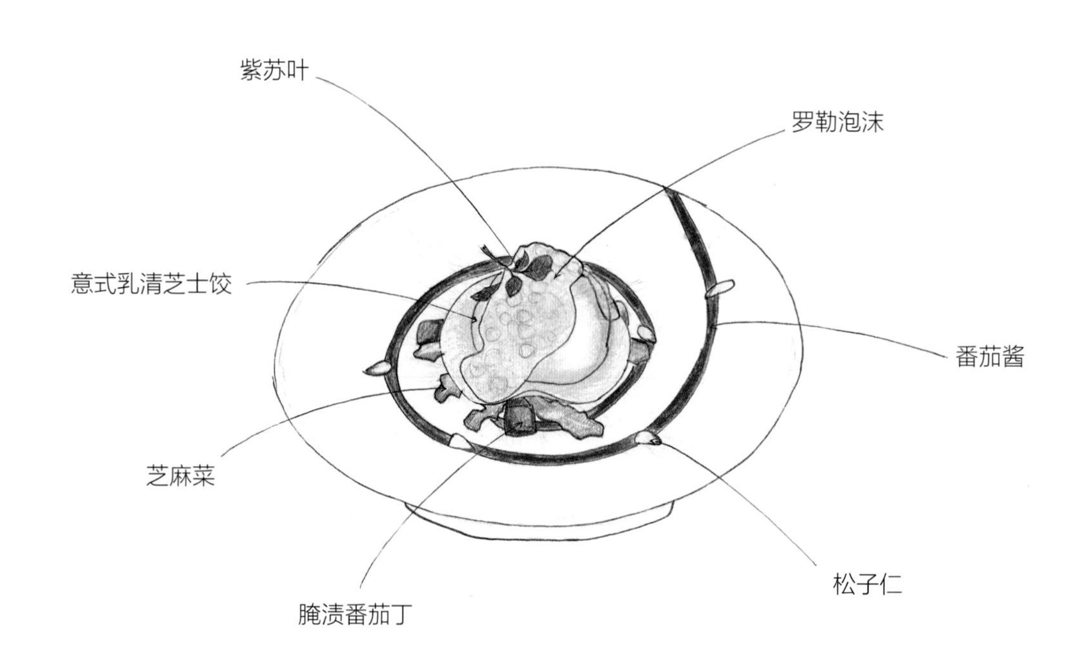

基本摆盘形状

我在考虑如何展现一道菜品时，首先决定的是这道菜看起来应该是什么样子的，想达到什么效果。它是精致淡雅的？还是要突显肉排这种主材，令人食指大动？有时，脑海中会出现一道完美菜肴的样子，可能出自某本菜谱，可以以此为模板，加上自己的创意，最终做成独一无二的效果。我的灵感常常来自食谱、美食杂志，或者餐厅菜单。

如果找不到模板，我会先考虑这道菜摆放的基本架构，即简单的几何形状如直线、弧线、圆圈，或者组合起来。这些是摆盘的“骨架”，用菜品的食材组成形体，再加上适当的点缀。观察比较各式各样的菜肴摆盘照片，你就会发现有些形状是不断出现的，我列举出 12 种最常见的几何形状及应用实例，供你挑选作为基本架构。选出喜欢的形状以后，可以画出草图，能更具体地体现出效果。

下一步就是在基本架构中填上形体，有几种不同的方法。

- 摆放鱼或肉类等主要食材及配菜。
- 摆放泥状食物、酱料或粉状配料。
- 摆放其他装饰食材。

一旦你开始尝试，并试着使用这些基础的形状，很快就会发现，以此为基础，摆盘就变得很容易。练习一段时间后，你甚至可以总结出自己偏好的形状。

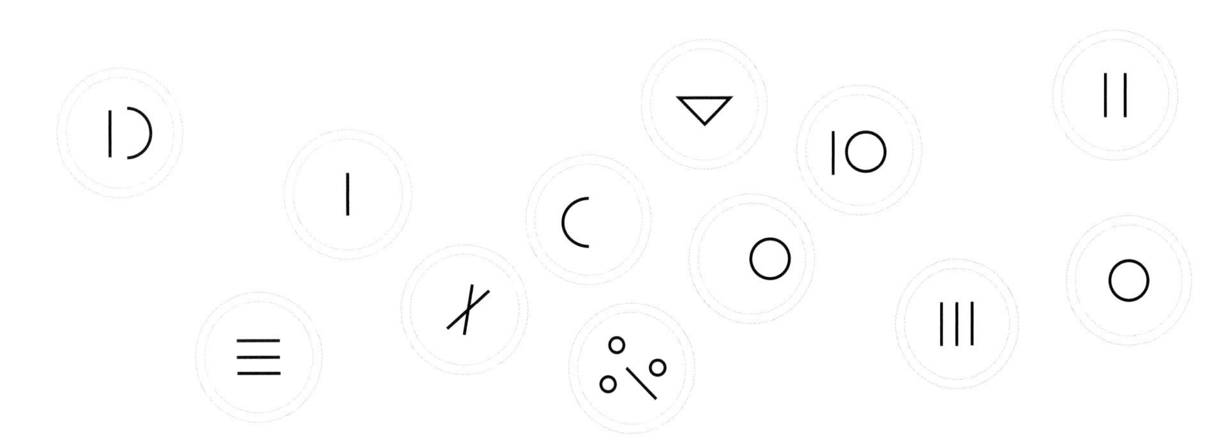

三角形

摆盘的经典形状。食物放盘子正中间，把盘子看作时钟，碳水化合物放于 11 点钟方向，蔬菜放在 2 点钟方向，蛋白类放于 6 点钟方向。

一条直线

最简单的形状。大片的留白，食材作为焦点非常突出。

平行线

能够吸引视线于食物上，注意：食材必须一目了然，不可太复杂。

双线

按图所示平行摆放。

交叉线

交叉摆放看起来很有趣味，相交点可以不在中心，而且线可以是直线，也可以是曲线。

圆弧形

这种摆盘方式看起来充满了变化和创意，可以在盘子的边缘或任意位置摆放。

三条平行线

如果菜品的种类有 3 种，可以用此方法。

圆圈和直线

一条直线搭配一个圆圈，富有变化，看起来很灵巧。而且不必放在正中心，位置偏差一点，错开摆放更美观。

错落有致

除了直线、弧形、圆圈等方式外，还有一种看起来散乱、实际有序的方式，错落有致，必须留白，而且要有重点，一般把主食材作为焦点。

圆弧形和直线

圆弧和直线的组合，避免了单调的感觉，看起来很生动。

圆圈居中

这是一种传统的摆盘方式。可以将食材堆高一点，效果更好。

圆圈不居中

小的圆圈也可以不居中，看起来更有创意，但也不可在盘中的边缘位置。

食材布局

菜品的摆放形状确定后，就是执行的问题了，如何组合放置，才能达到预想的形状，使食材相得益彰，引人注目。最佳工作顺序是：先定位主食材，然后分而击之。每个食材都是艺术创作的一部分，有自己的规矩和技巧。但是这些都不是一成不变的，应该灵活运用。毕加索说过，像专家一样学习规则，才能像艺术家一样打破规则。

平衡

食材分量有多少之分，看起来是轻盈还是厚重，与颜色、大小和质地有关。所以，各种食材看起来要达到平衡，可以通过视觉上的和谐来摆放每一种食材，使最终上桌的菜品在颜色、大小、质地方面有着平衡的美感。

平衡有对称和不对称两种。对称的图形看起来中规中矩，虽然不是太出挑，但绝对不会出错。不对称的摆法是：由一个大的食材和几个小的食材，形成对比，打造出不平均但整体平衡的感觉。同样，奇数组合比偶数组合更有意趣，如扇贝、蔬菜脆片或坚果等食材。另外，不把食材放于盘子中心，而是偏离一些，或则看似随意地摆放，也可以实现不对称的平衡效果。

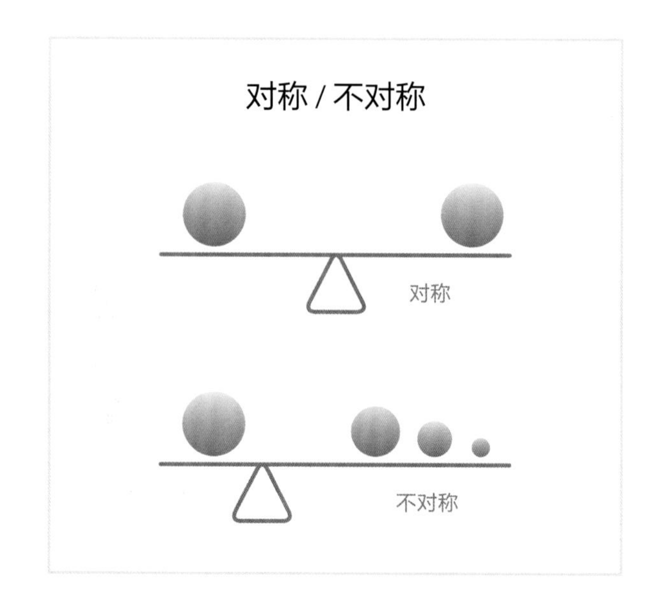

你看着眼前的菜品，感觉很顺眼，那么这道菜品的摆盘就达到了平衡的效果。如果食材种类太多，让人眼花缭乱，找不到焦点，绝对是失去平衡感的表现。虽然这样说很抽象，但是可以依靠直觉来判断。如果你在布置房间，肯定不会把沙发、柜子、椅子、桌子都挤在某个角落，摆盘也一样，要把所有食材放在恰当的位置方能和谐。

主角

当盘中的食材不是平均分布，而是有主有次，看起来就更有意趣。盘中的“主角”会首先吸引客人的目光，所以“主角”应该选择主食材，也即最好吃的部分，如果因为颜色、形状或大小，主食材不能理所当然地成为“主角”，就通过摆盘来实现。不论是沙拉、甜点还是其他食材，都可以通过调整摆放位置，使该食材成为“主角”。可以将主食材斜放或堆高，会使整道菜看起来更有立体感，也更能吸引注意力。

整体

一道菜由各种食材组成，要把每个部分都变成整体的一个元素，而不是各种元素堆积在一起。每个元素都和其他元素相互呼应，这样的关系可以通过颜色、风格、距离，或者对比关系表现出来。

留白

各种食材都放在一个盘子里时，也要记得适度留白，这样可以让食材产生对比，从而突出主食材，让“主角”吸引眼光。如果盘子装得满满当当，就失去了精致的效果。我的经验是：食材最多只能占盘子面积的 2/3，必须留出 1/3 空白。如果不够吃，可以再来一份，也不要装得太满，失去美感。

摆盘时一定要留意盘子的边缘。餐饮界有个不成文的规矩：盘子边缘是属于客人的领地，不可放菜。尽管这条规矩如今已经不再严格履行，但还是应该谨慎，用酱汁作画时不要画到边缘，也不要将脆面包片等配菜放盘边。

画龙点睛

摆盘完毕，要再看一眼，整体是否和谐？“主角”是否突出？整道菜是否令人眼花缭乱？视觉有没有达到平衡？如果出现这些情况，可以微调补救，可以照张相，仔细辨别哪里出了问题，以及如何修改，因为相片有一定距离感，更容易发现多余或缺失的部分，以及什么食材破坏了整体的美感，是否需要增加颜色或质地不一样的食材，使其看起来更和谐，成为一副艺术作品。摆盘完毕后，如果觉得少了点什么，或者想增添一些情趣，可以用以下几个“急救”技巧。

可以把每种食材各取一些作为装饰品，巧妙摆放，使整道菜更有立体感。有些食材可能淹没在酱汁里，取少许食材当装饰品，可让人一目了然盘中有哪些食材。

有些制作简单的装饰食材，可以让一道菜看起来更加美味可口，颜色搭配更和谐。可以选择切碎的新鲜香草、柠檬片，或者磨碎的坚果仁、帕玛森芝士，以及可食用花卉、菜花、水果等。几滴酱汁、蛋黄酱或法式酸奶油，也可以增加变化。粗海盐、现磨胡椒碎或几滴提味油，也能让菜品看起来更美味。

这一切做完之后，上桌之前，切记要再检查一遍，擦拭掉多余酱汁等多余的部分。

你花费了很多精力摆盘后，上桌时要调整好角度，以最好的角度展示在客人面前，如果角度不对，则前面花费的所有工夫都功亏一篑。

不同类别菜肴的摆盘创意

有些菜品本身颜色和形状就很美观，只要花费少许心思，如撒点现磨胡椒碎或新鲜香草等，就会产生锦上添花的效果。有些菜品因为食材或质地、颜色等不太美观，如炖菜或意大利面等，想通过摆盘提升吸引力，还是有一些难度的。但即使这样，也有一些技巧可以提升整体效果。

开胃菜

只有一口大小分量的开胃菜放在木薯饼、薯片或意式薄饼等可食用的容器中会很棒。还可以放在只有一口大小的前菜匙里。开胃菜也可以放在一些特殊的容器中，如铁丝网、相框甚至衣夹，花瓶或鱼罐头盒等容器也可以尝试。

汤菜、炖菜

汤菜和炖菜的颜色是比较单调的，可以加些小香葱、百里香或少量法式酸奶油，也可以把不同颜色的食材切成小丁，撒在汤面上装饰，稍微加些变化，便会增加不少美感。

也可以加入面包丁、芝士丁，排成一排，或穿成一串架在餐具上空。还可以搭配有鱼子的面包片，再加几滴酸奶油，也可以提升美观性。

奶油汤可以在上桌前用手持搅拌器搅拌一下，或者加入卵磷脂粉，这样泡沫会更细腻，让人增加食欲。如果你想在汤菜中加上装饰性食材，可以先上桌，再当着客人的面加入，会更有趣。也可以使用特殊的容器如卡布奇诺杯或 WECK 玻璃罐（德国品牌），视觉效果拉满。

沙拉

堆得高高的沙拉，会比普通容器盛装的沙拉更吸引人。可以先把蔬菜叶放于盘中间，再一层一层放其他食材。也可以摆放成甜品的造型，看起来更精致。如果希望沙拉的菜叶不要因为浇上沙拉酱而变得软塌塌的，就把沙拉酱单独上桌，吃时再拌。

意大利面

将意大利面用勺子卷成一团放在深盘里，再搭配上其他配菜如虾、海虹、圣女果、蘑菇、松子仁等点缀，看起来就很诱人。至于其他面条，可以淋上酱汁，用帕玛森芝士丝、松子仁和胡椒碎点缀装饰即可。

肉

肉排、鱼排等体积较小，可以用大火煎得金黄酥脆，再切成小块上桌，看起来会特别美味。金黄酥脆的外壳，以及里面嫩嫩的肉质，都要展现出来。

烤大块肉时，最好整块上桌再切片。肉烤好后一定要用铝箔纸封好，静置几分钟，这样肉汁才能吸收进肉里，而不是渗出来。

如果肉块的数量是偶数如 2 块，可以堆叠，或部分重叠放置，看起来会更丰盛些。

鱼

整条鱼可以直接上桌，然后再切分；鱼排要先裹一层薄薄的面粉再煎，能煎出金黄的脆壳，口感香酥。

配菜

米饭、古斯米、藜麦等，先塑形再装盘，效果更好。可以使用圆形模具直接塑形，或装在杯类容器中压紧，再倒扣在盘子上。卷类食物如春卷或德式煎饼（主要由面粉、鸡蛋、牛奶、糖制作），可以斜切成两半，这样可以看见馅心。

甜品

多数甜点用酱汁、松脆的食材装饰。也可以使用巧克力酱或焦糖来装饰，可以起到画龙点睛的作用。

如果用刮板将意式蛋白酥皮涂抹在盘子上，就要用喷火枪使其焦糖化，立刻会出现特有的焦糖色，很简单就可以实现。

如果没有时间摆盘，也可以用薄荷叶、糖粉、可可粉、水果粉，或五颜六色的新鲜水果丁，为甜点增添视觉效果。

摆盘七大秘诀

秘诀一　颜色对比。菜品中包含不同颜色、质地、形状的食材，效果会出乎意料的好。用单色的浅色餐具，更能烘托出食材的色彩。

秘诀二　直线、弧线还是圆圈？摆盘前先确定基本形状，再添加进食材。

秘诀三　不对称万试万灵。不对称摆放的效果很有趣，可以采用奇数原则，让盘中主菜或装饰食材的数量为奇数。还有前文所说的错落有致的摆放方法，以及偏离中心的摆放方法，都充满了刺激，更有吸引力。

秘诀四　设定焦点。主食材要通过颜色、形状或大小突显出来，可以通过堆高的方式来表现。

秘诀五　少即是多。用大些的盘子，并且留白要足够，食物最多占到盘子的 2/3 面积，会使摆盘效果事半功倍。

秘诀六　画龙点睛。切碎的新鲜香草、磨碎的坚果、可食用花卉和其他装饰食材，能使菜品看起来更美味可口。特殊形状的装饰食材可以给菜品增加别致的感觉。还可以用颜色对比来增加反差。

秘诀七　开心最重要。你可以尽情发挥自己的创造力来完成摆盘游戏，进行各种各样的尝试。摆盘没有正确答案，也不可能一次就达到完美。不断练习与各种尝试是必要的。如何给你喜欢的菜品在视觉上增加些趣味？泥状食物不堆成一团的话，用刷子来刷，会呈现怎样的效果？面条如果不直接捞入盘中，而是塑形后摆盘，又会带来怎样的惊喜？随着实践的增多，会产生越来越多的灵感，摆盘时会更加游刃有余。但别忘了，享受美食本身更重要！

几种基础装饰食材的摆盘形状

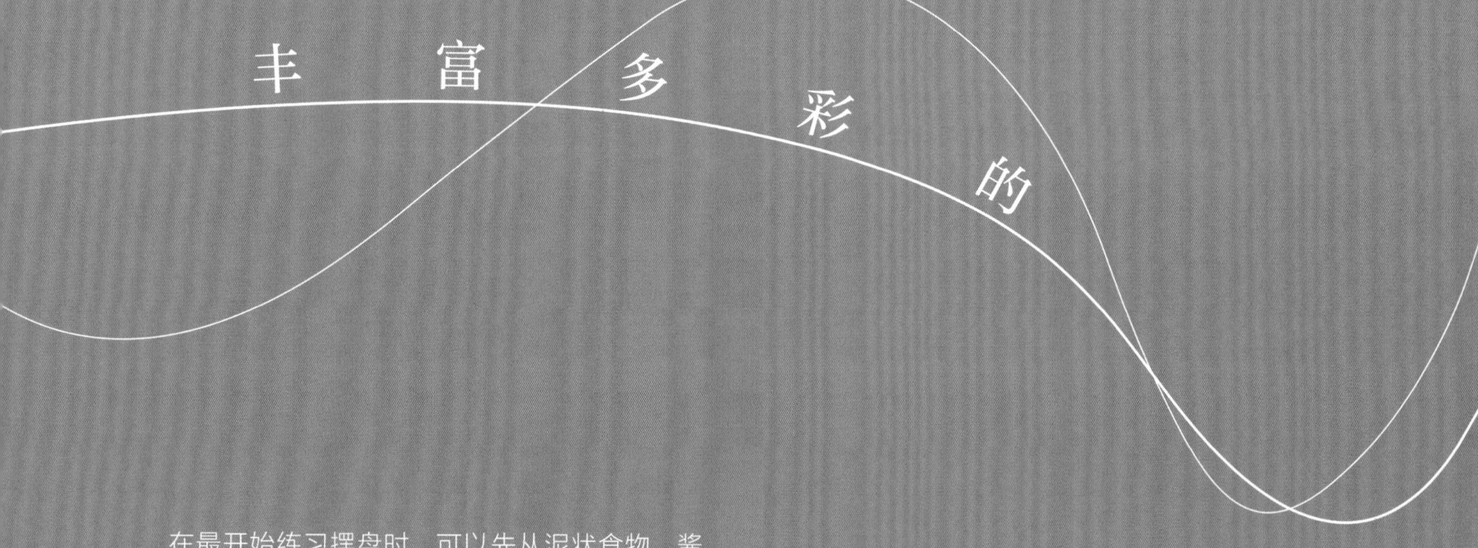

丰富多彩的

在最开始练习摆盘时，可以先从泥状食物、酱汁、粉状食材开始，它们可以定下基本框架，平衡其他食材，独特的摆盘方法甚至可以成为最引人注目所在，而且可以任你发挥，没有限制。

颜色

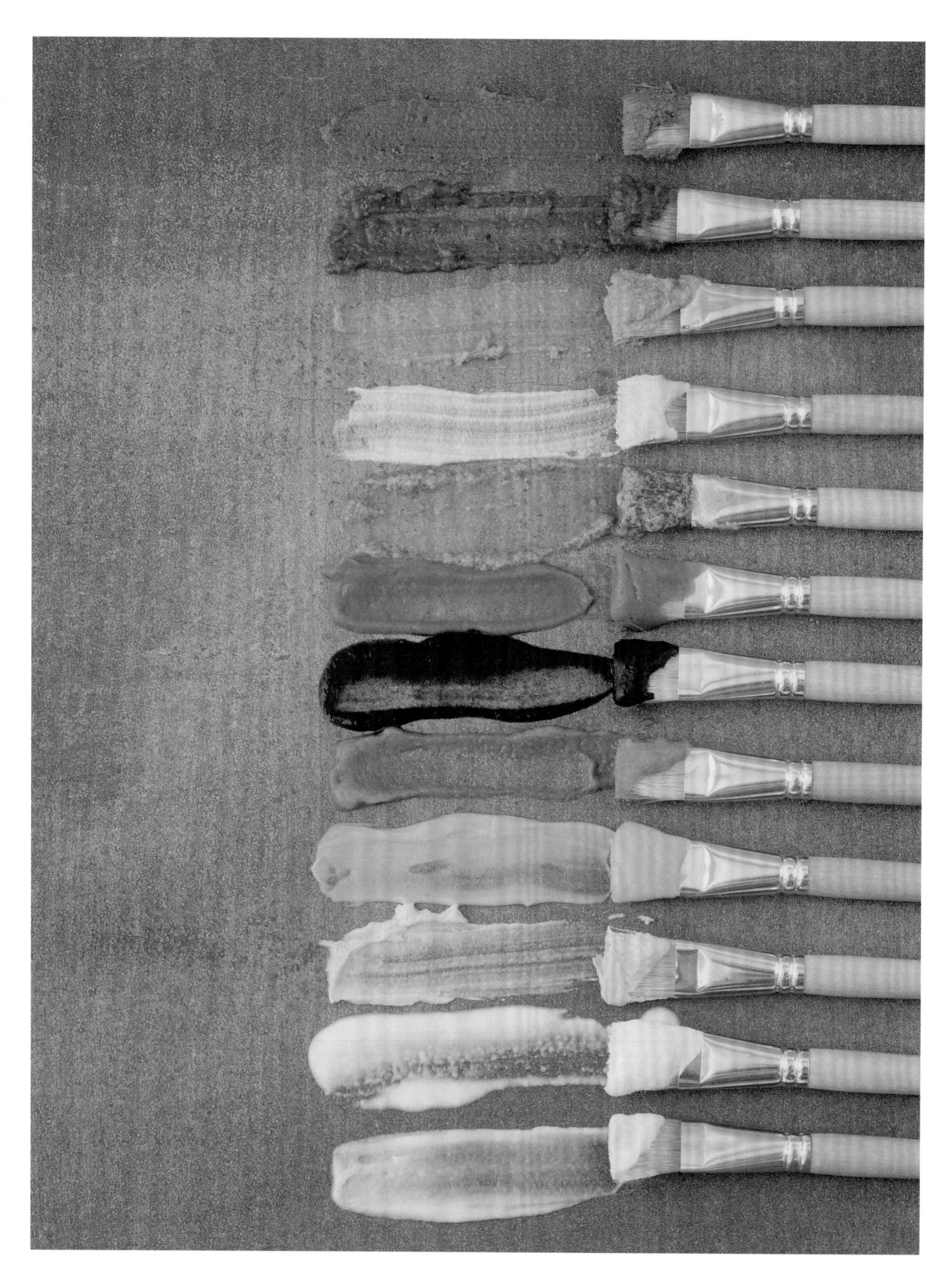

果泥的摆盘形状

如果想巧妙地摆放食材，就从果泥开始吧，果泥可以变换出各种形状，直线、圆圈、圆点……任你自由发挥。你也可以用它定下摆盘形状的基本框架。如担心食材分量太少，可以多准备一碗果泥放在桌上，供客人随时添加。以下是我喜欢的摆盘方式。

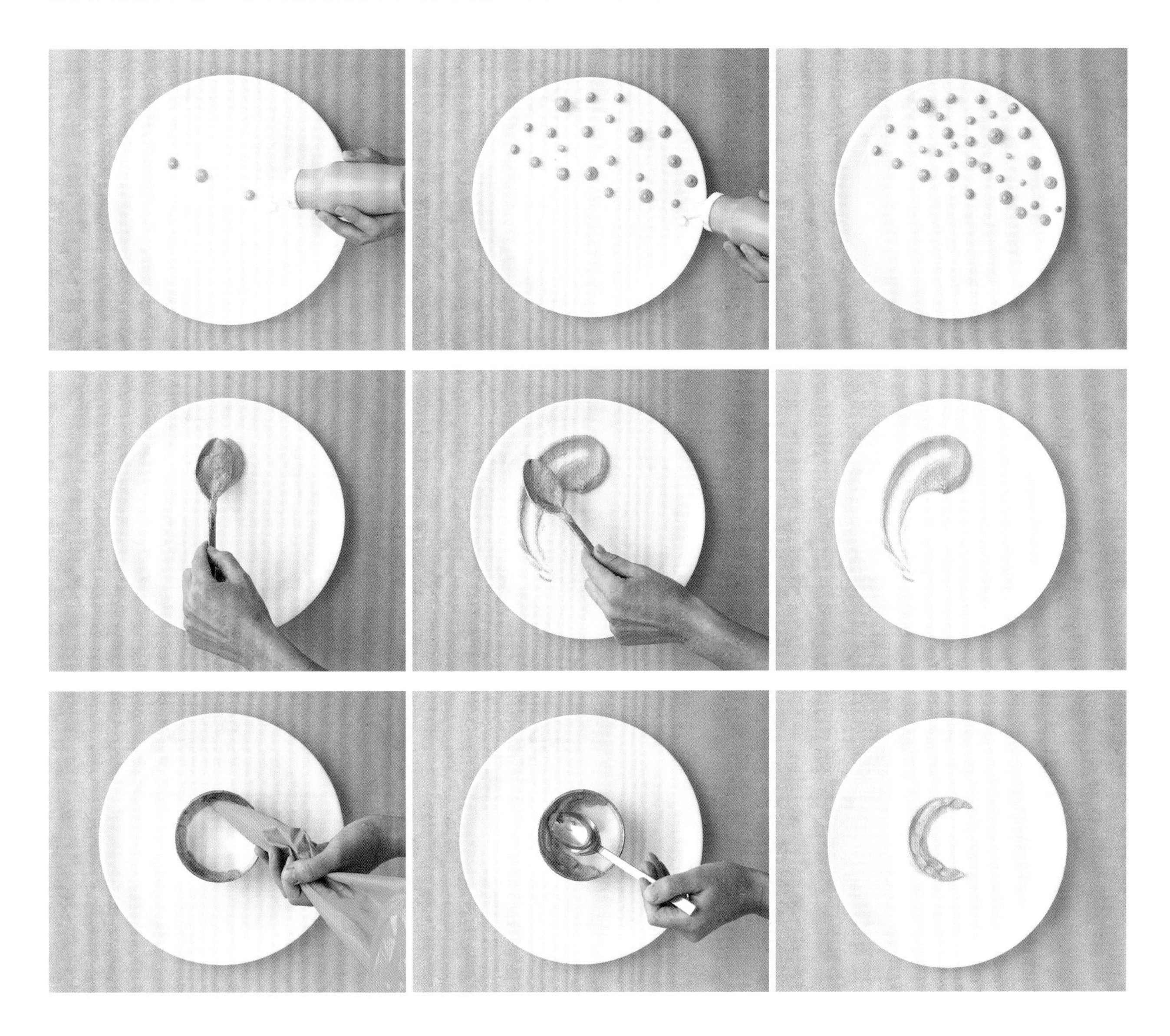

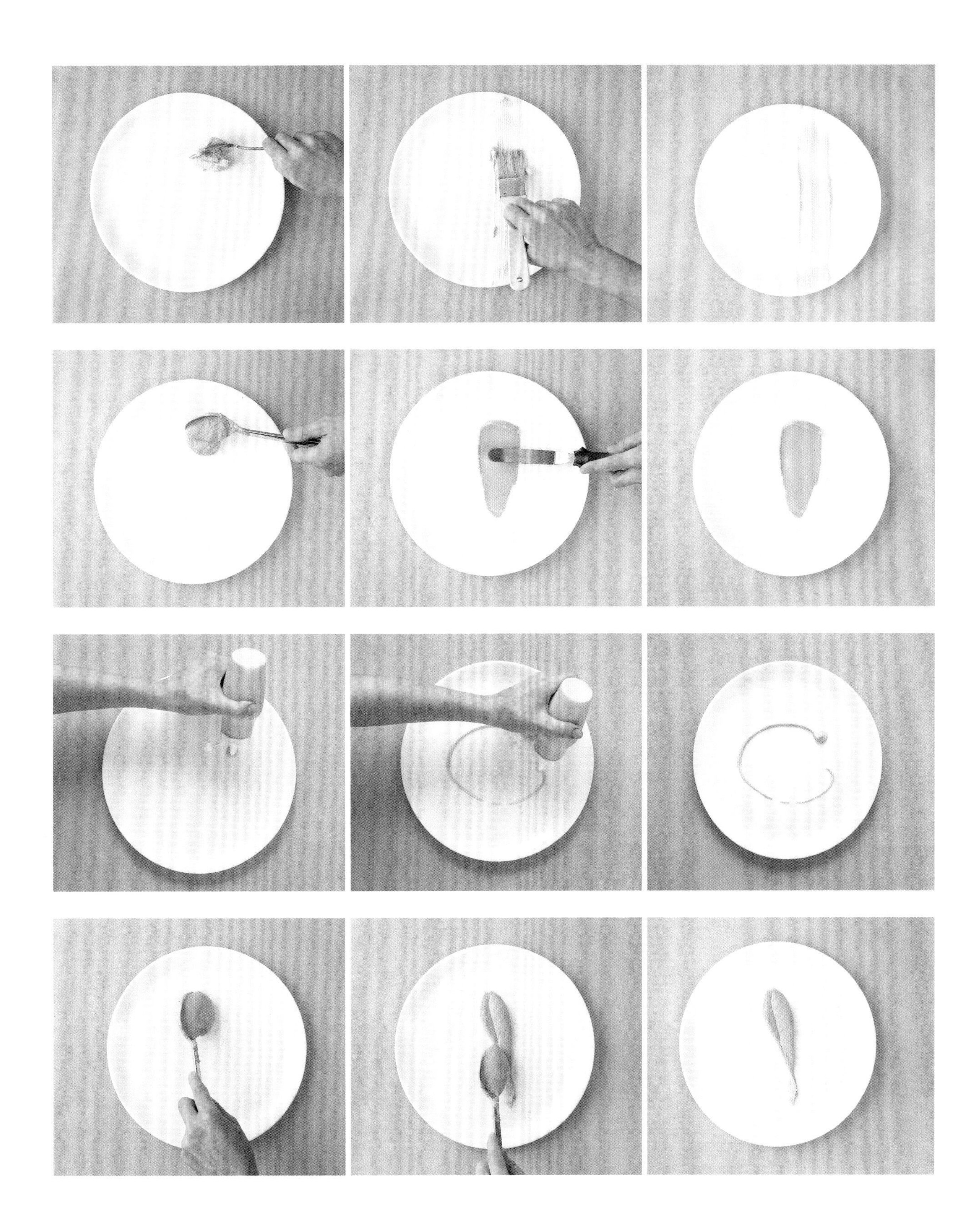

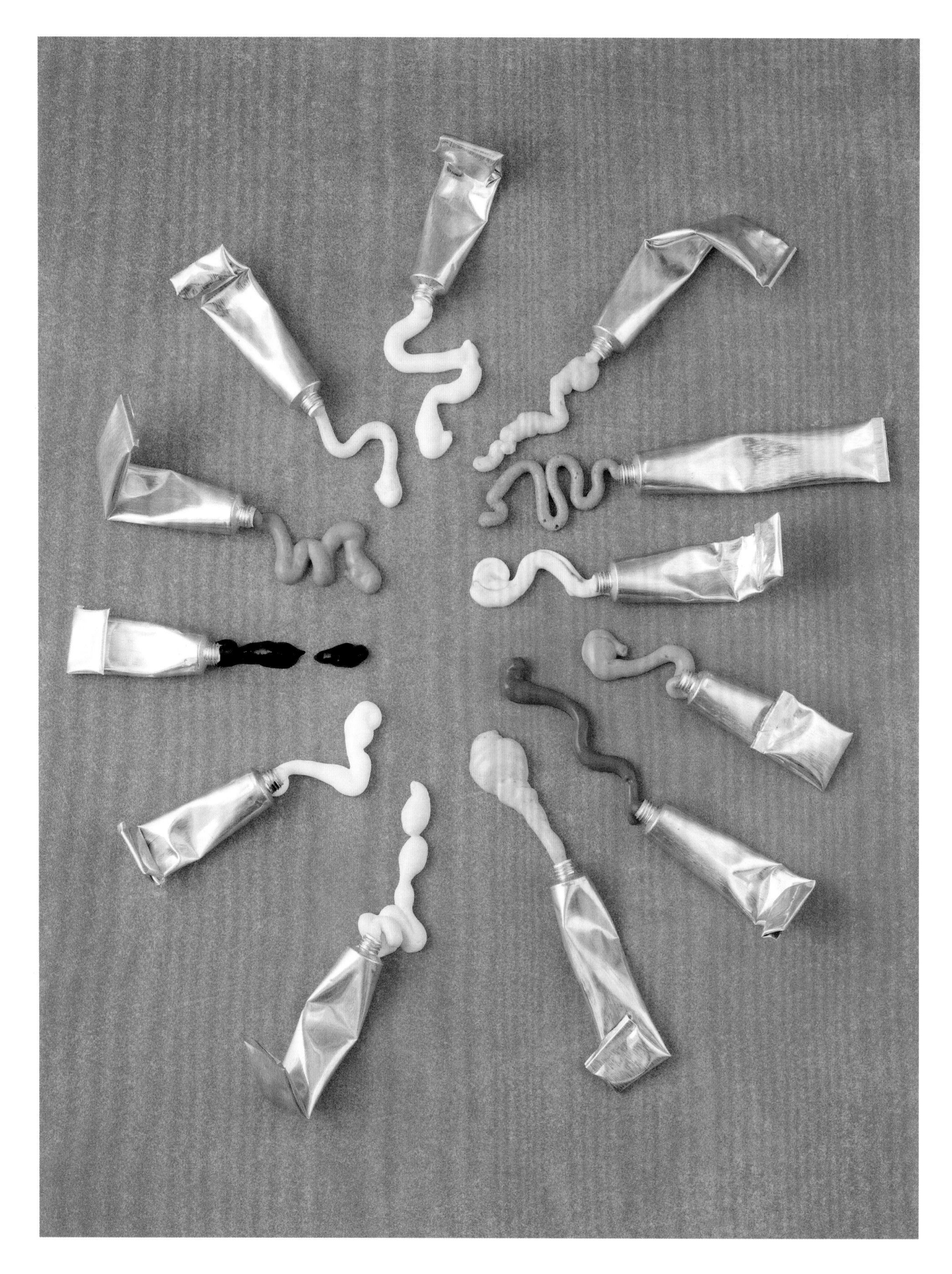

酱汁的摆盘形状

酱汁不一定要装在酱汁碟中，还可以拿来当装饰食材，尽情发挥想象，使菜品焕发出全新的光彩。下图是运用美味酱汁进行创意的方法。

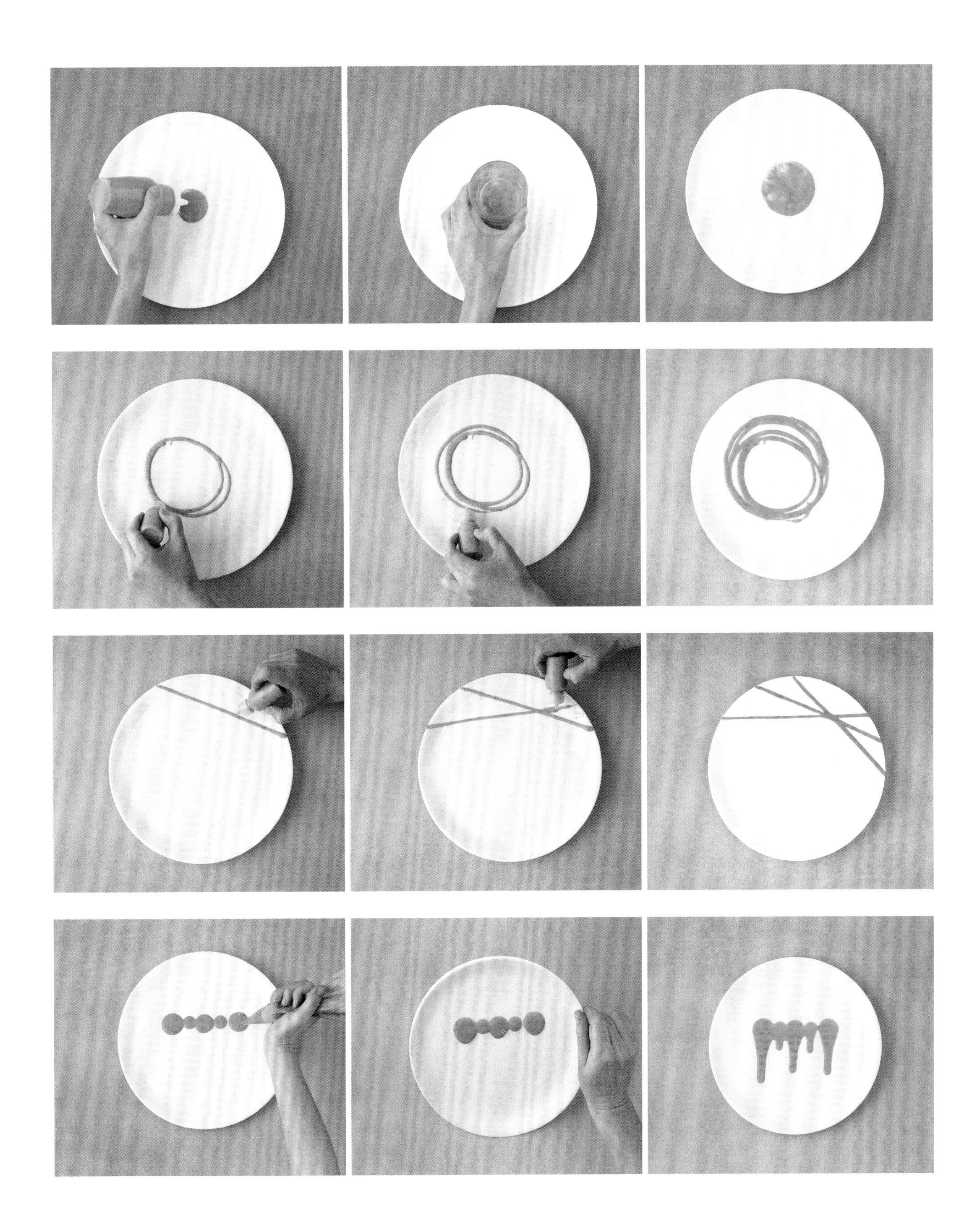

粉状食材的摆盘形状

如果菜品的食材简单，又没有酱汁或果泥，摆盘就很不容易出彩。如果没有别的灵感，可以使用粉状食材，如水果粉、可可粉、活性炭、香料粉、糖粉等，用其来提高对比度、突出焦点，或绘出框架。以下是使用粉状食材的创新例子。

装饰食材

装饰食材扮演着蛋糕上最后一层糖霜的作用，能让一道菜显得更独特更有想象力，也表达了主人对客人的感谢之意。通过摆盘装饰，给菜品增加不同的颜色和质感，使菜品提升了档次。有一个经验之谈：可以利用颜色反差制造对比！但装饰食材必须与食物相衬，不可在味道或视觉上喧宾夺主。而且装饰元素必须是可食用的，否则吃时还要特地挑出装饰元素，再美也没有意义。摆放装饰食材必须精心挑选那些没有任何出彩之处的地方。在后续我会列举一些装饰食材的制作方法，效果绝对令人惊艳！

咸味装饰食材

1 炸米粉（230页）
2 炸甘薯丝（230页）
3 炸土豆丝（230页）
4 炸甜菜根片（231页）
5 珊瑚脆片（62页）
6 土豆丝饼（233页）
7 巴萨米可珍珠醋（228页）
8 糯米纸片（232页）
9 藏红花帕玛森芝士脆饼（63页）
10 黑色木薯饼（65页）
11 炸三色土豆片（231页）
12 炸蒜片（231页）
13 炸香草（230页）
14 炸羽衣甘蓝片（231页）
15 炸藕片（230页）
16 蔬菜干
17 米脆片（232页）
18 炸螺旋纹甜菜根片（231页）
19 番茄脆片（65页）
20 烤番茄皮（64页）

21 烤面包片（232页）
22 杜兰小麦面包片（61页）
23 海苔脆筒（62页）
24 华夫饼脆筒（232页）
25 烤面筋泡（60页）
26 酥脆面包（228页）
27 韭葱细丝（232页）
28 帕玛森芝士脆片（63页）
29 炸红葱头圈（231页）
30 帕玛火腿片（229页）
31 酥脆三文鱼皮（231页）
32 炸洋姜片（231页）
33 炸根芹片（231页）
34 煎面包丁（228页）
35 烤紫苏叶（66页）
36 焦脆红葱头（233页）
37 烤鹰嘴豆（233页）
38 透明薯片（61页）
39 烤野米（231页）
40 煎樱桃萝卜（228页）
41 炸黑珍珠（66页）
42 黑麦面包碎（229页）
43 烤圣女果（233页）
44 炒芝麻（229页）
45 腌芥末子（229页）
46 炸刺山柑花蕾（230页）
47 炸白鲸鱼子酱兵豆（230页）

吐司卷

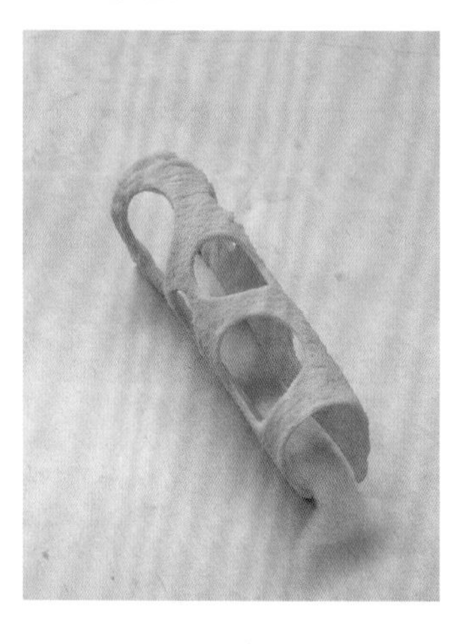

1 烤箱开上下火预热至160℃。吐司四边切除，擀成薄片。

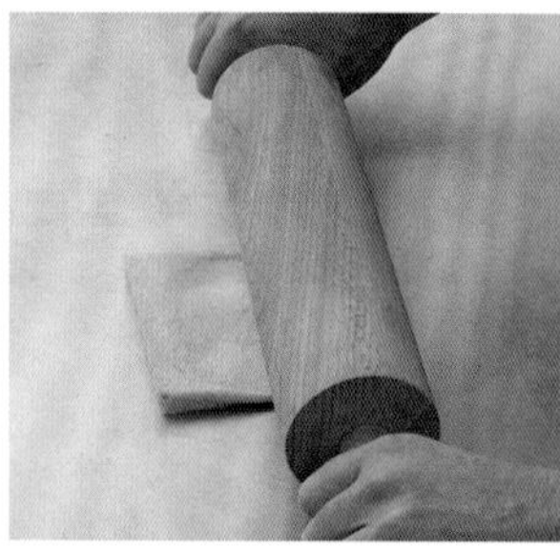

2 用不同大小的圆形模具或裱花嘴压出大小不同的圆片。

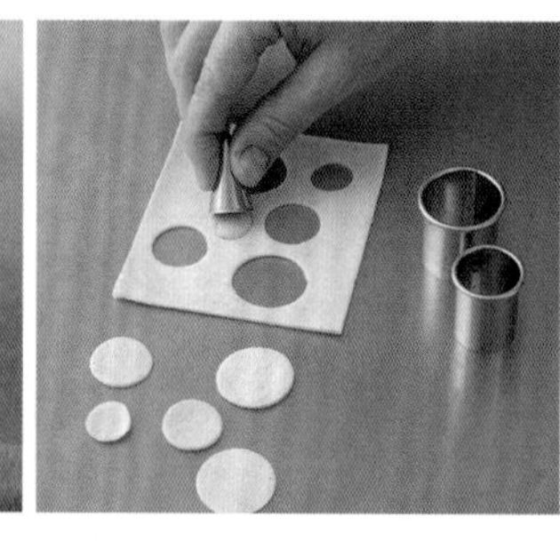

3 将镂空吐司片放圆管上，使面包片紧贴着圆管呈圆弧状，入烤箱烤约10分钟至面包片定型且酥脆即可。

烤面筋泡

1 取450克德国405号面粉[㊀]，加250~300毫升水，放和面机中搅拌10~12分钟至面团平整光滑，盖好静置1小时。

2 面团放在水盆中用手揉捏，一直揉捏到不能再挤出面粉水，只剩下有弹性的面筋为止。

3 烤箱开上下火预热至190℃，面筋摘成小圆球，放在铺好烘焙纸的烤盘中，烤15~20分钟至烤成金黄膨胀的面筋泡。

㊀ 德国405号面粉是低筋面粉，适合做糕点，由软小麦制作而成。

杜兰小麦面包片

1 取 150 毫升鸡高汤加热，放入 2 克琼脂溶化，晾凉后加入 250 克杜兰小麦面粉㊀、25 克橄榄油、25 克熔化黄油，和成面团，静置约 10 分钟，夹在烘焙纸之间擀成薄片。

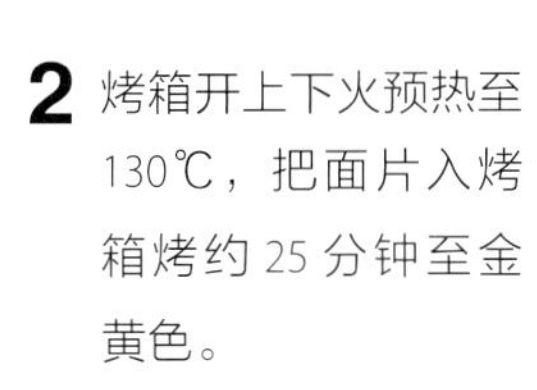

2 烤箱开上下火预热至 130℃，把面片入烤箱烤约 25 分钟至金黄色。

3 晾凉后，掰成大小合适的面包片。

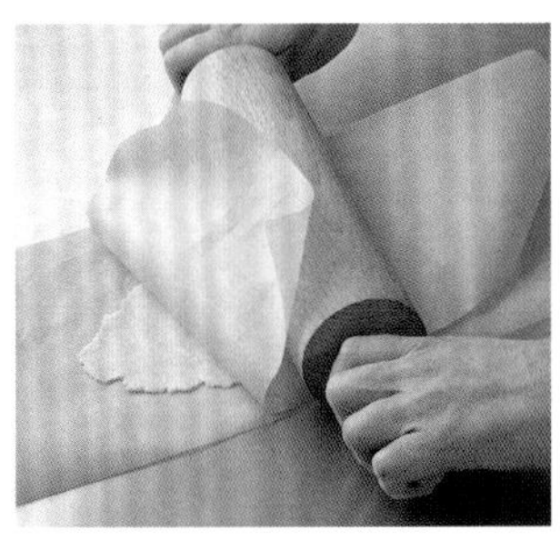

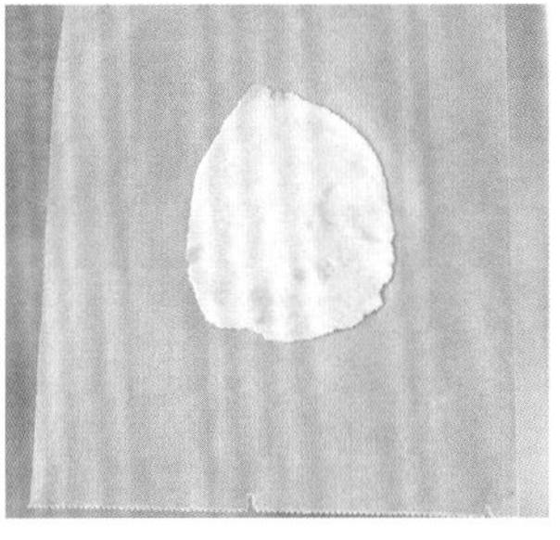

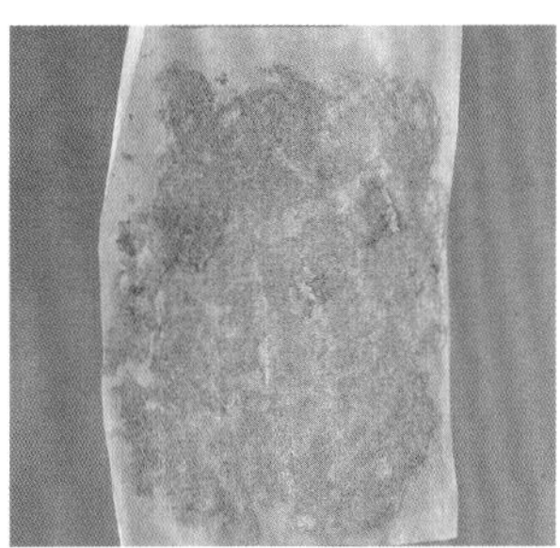

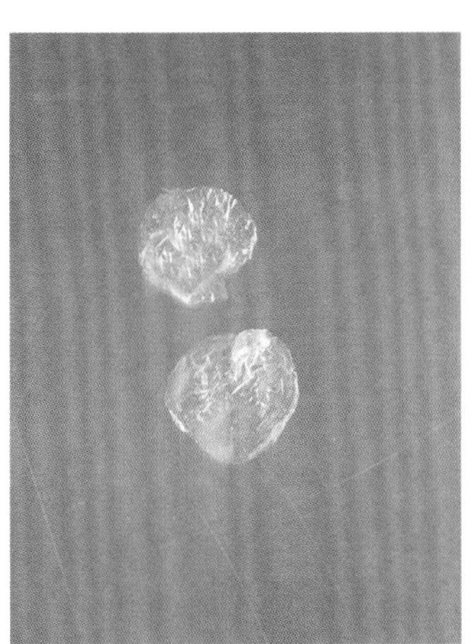

透明薯片

1 烤箱开上下火预热至 190℃。取 4 个大的粉质土豆，切成 1 厘米见方的丁，用 2 大匙橄榄油及少量盐抹匀，放入烤箱中烤 25 分钟。盛在锅中，加 500 毫升沸水浸泡 2 小时。将水过滤后倒回锅中，开中火煮沸（土豆不要倒回锅中），加入 2 大匙土豆淀粉搅拌成糊状。

2 用大汤匙或尖嘴挤酱瓶将土豆糊在铺有烘焙纸的烤盘上画出椭圆形（不可太薄），入烤箱以上下火 60℃ 烤约 2 小时至干燥定型。

3 取出薄片，入 160℃ 的葵花籽油中炸至透明酥脆，放在厨房纸巾上吸去多余的油，撒盐调味。

㊀ 杜兰小麦面粉属于硬麦，适合做意大利面。

珊瑚脆片

1 取 1 大匙德国 550 号面粉⊖，加入 5 大匙葵花籽油及 6 大匙水搅拌成面糊，加入微量耐热食品色素或 5 克墨鱼汁染色。

2 面糊倒入平底锅中间煎。

3 煎成薄饼，取出晾凉。

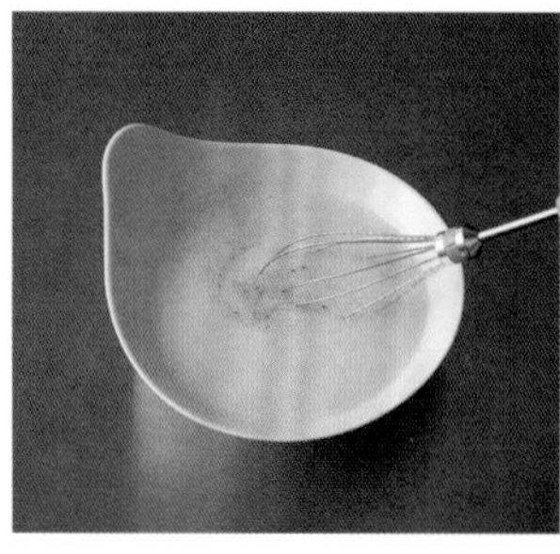

海苔脆筒

1 烤箱开上下火预热至 160℃。海苔剪成正方形，一面的边缘薄薄涂一层蛋清。将涂蛋清的那个边粘在锥形模上卷成锥形圆筒。

2 海苔外面一圈的内侧也涂上蛋清，两端粘好，所有海苔片都卷好。

3 放在铺好烘焙纸的烤盘上，入烤箱烤 4~6 分钟，取出后脱模，静置晾凉。

⊖ 德国550号面粉由软小麦和硬小麦混合制成，用途较多。

帕玛森芝士篮、脆片

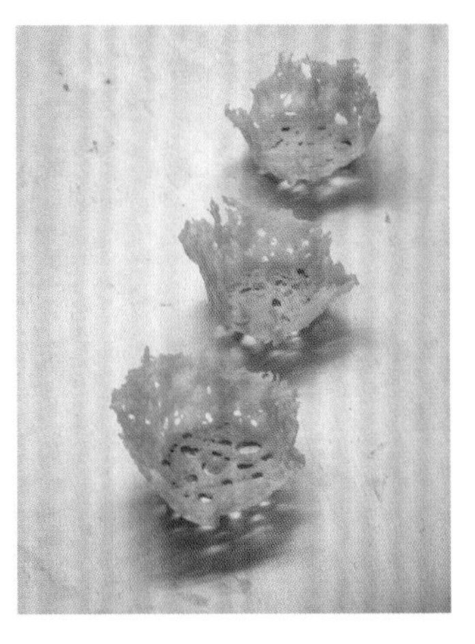

1 烤箱开上下火预热至200℃。烤盘上铺烘焙纸，放直径6厘米的圆形压模，填进10克刨成细丝的帕玛森芝士。

2 同法做出9个。

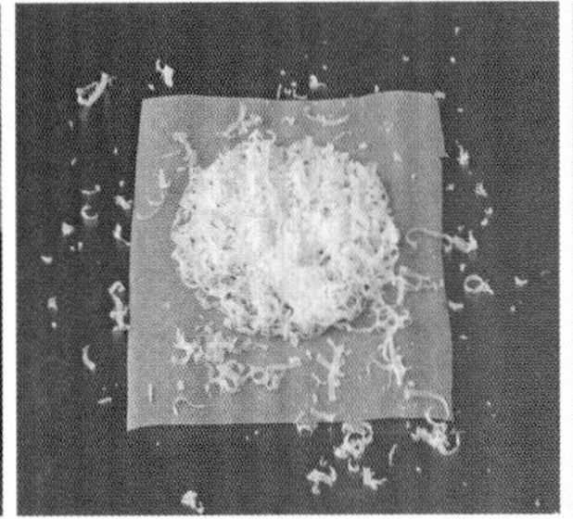

3 入烤箱烤4~6分钟至成金黄色的脆片，脱模后可以直接使用。也可以趁热放入模具（酒杯也可）中塑形成篮子状。

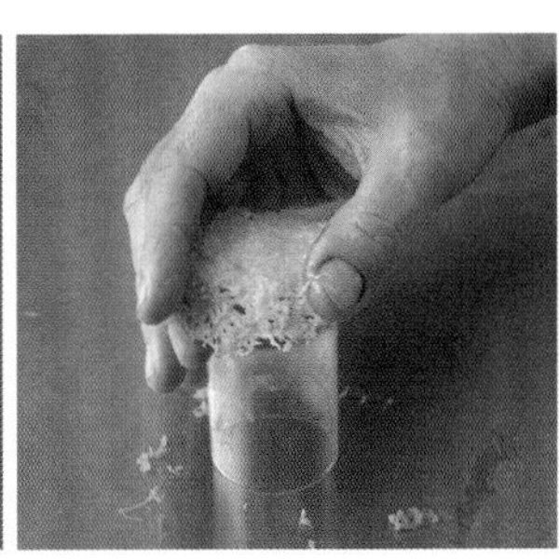

藏红花帕玛森芝士脆饼

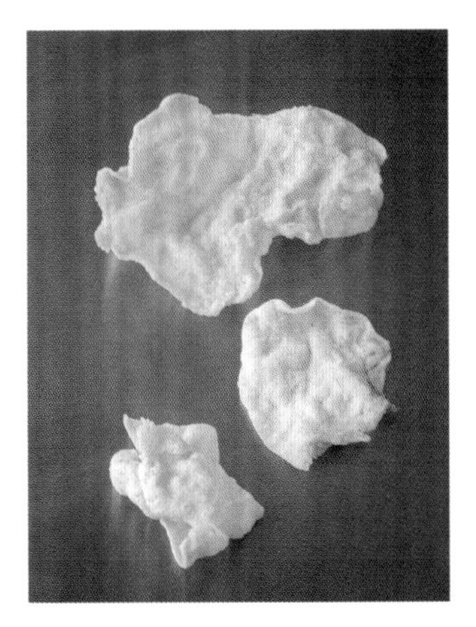

1 取100克帕玛森芝士刨成细丝，和2克藏红花一起倒入放了250克水的锅中。

2 开中小火加热，不时搅拌直至芝士变得黏稠。

3 取出芝士团，沥干，夹在两张烘焙纸之间擀成薄片，入烤箱以75℃烤4小时至干。取出，掰成小块，用180℃的葵花籽油炸脆，捞出放在厨房纸巾上沥干。

烤番茄皮

1 烤箱开上下火预热至80℃，500克番茄洗净，在底部剞上十字花刀，汆烫后迅速放入冰水中。

2 将番茄皮尽可能大片撕下，清除残留的果肉。放在铺好烘焙纸的烤盘上，入预热好的烤箱中烤约1.5小时至干。

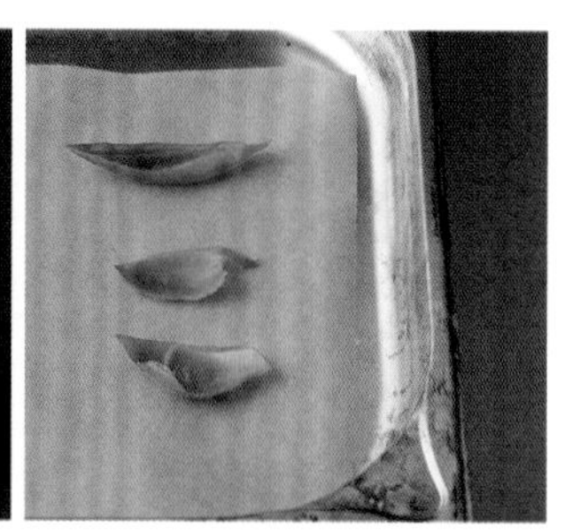

简易胡萝卜泡沫

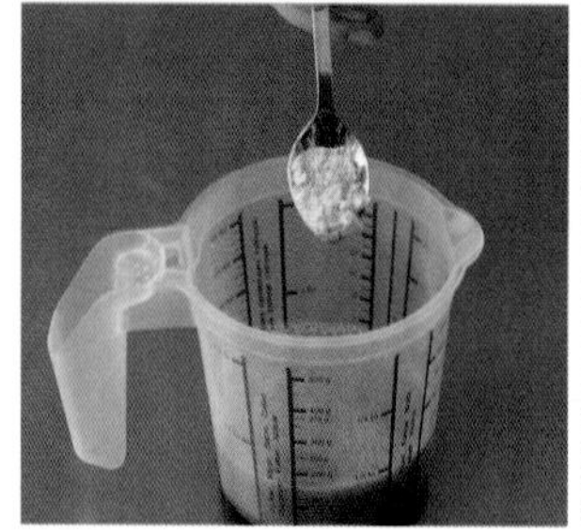

1 取400毫升胡萝卜汁放进容器中，加入4克大豆卵磷脂粉（胡萝卜汁也可以加热，但不要超过40℃）。

2 用手持搅拌器进行搅拌，使胡萝卜汁产生泡沫，再用汤匙舀出泡沫。

番茄脆片

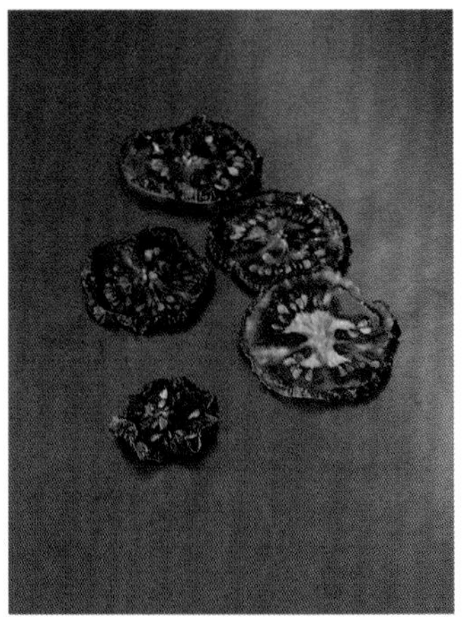

1 烤箱开上下火预热至140℃，番茄切片（也可以在番茄片上淋点橄榄油，撒少许盐、胡椒碎调味）。

2 将番茄片放在铺好烘焙纸的烤盘上，入烤箱烤约 4 小时至酥脆。

黑色木薯饼

1 取 100 克木薯粉圆放进水锅中煮沸，改中小火煮 15 分钟，直到除了圆心一点儿，其他部分都煮至透明，捞出冲凉，放进碗里，加入 1 小匙墨鱼汁搅拌染色。

2 烤箱开上下火预热至80℃，将黑色粉圆倒在铺好烘焙纸的烤盘上，抹平，入烤箱烤约 4 小时，取出后掰成小块。

3 放入加热至 180℃ 的葵花籽油中炸几秒，立刻捞出沥油。

炸黑珍珠

1 取160克德国405号面粉、3个鸡蛋、2大匙牛奶、1大匙油、1小撮盐、1小匙墨鱼汁混合搅拌成顺滑的面糊，面糊处于能流动可滴落的状态。

2 油烧至160℃，一手拿漏勺，一手把面糊倒入漏勺，入油中炸约3分钟至酥脆。

3 将炸好的小面球捞出，放厨房纸巾上吸去多余的油。

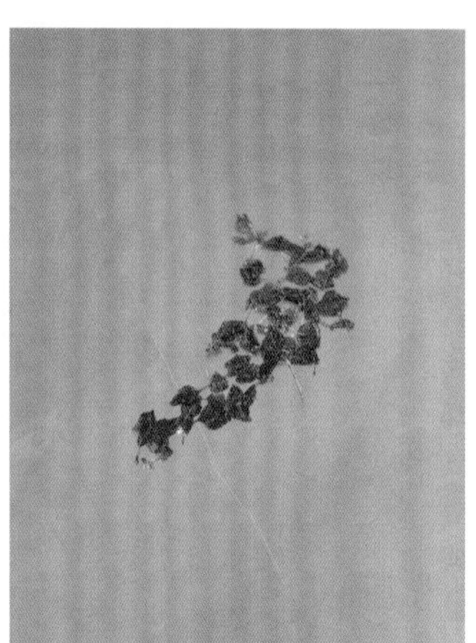

烤紫苏叶

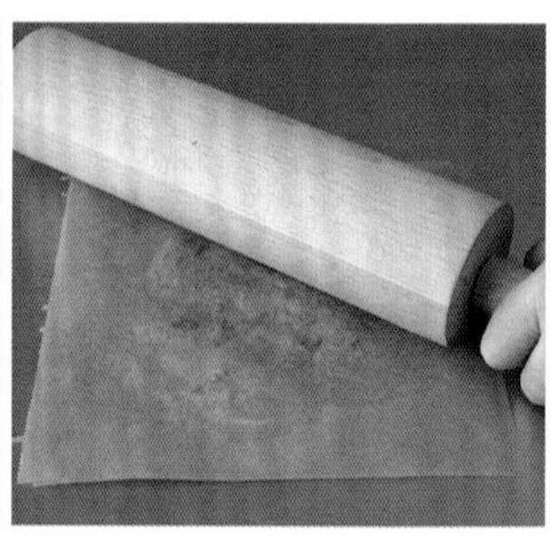

1 取1把紫苏叶放进碗中，1大匙玉米粉加少量水拌成水淀粉，倒入紫苏叶碗中，轻轻搅拌，每片叶子都要裹上水淀粉。

2 烘焙纸上刷少许油，将紫苏叶放上，两片叶子之间相连，但不要重叠。再覆盖一张刷油的烘焙纸。烤箱开上下火预热至195℃。

3 小心把夹在烘焙纸中间的紫苏叶擀平，用烤盘或耐热盘子压住，入烤箱烤约10分钟至干。拿掉上面压的烤盘，揭掉上层烘焙纸，再烤几分钟，直至紫苏叶酥脆为止。

更多咸味装饰食材

厨房里有许多现成的材料，可直接当作装饰食材。

香草，不仅能为菜品赋味，还能增加色彩，可切碎也可使用完整的。除了常见的香草外，近年来有一些菜苗也很适用如豌豆苗、花生苗等，不但可增加口感，看起来也更精致。

香草油或辣椒油，能给食物增加风味，用于汤品中更能提升美味。

蛋黄酱，能改善滋味，还能使菜品看起来富有变化。如使用西班牙辣肠味的或山葵风味的复合蛋黄酱，会给菜品增加新的滋味，口感更丰富。

脆面包片，适合装饰汤品，还可以当作开胃菜的餐具，或者作为配菜，搭配牛肉鞑靼之类的前菜。

坚果、种子，如切碎的榛子仁或核桃仁、瓜子仁及花生、奇亚籽、芝麻等，质地硬脆，还能增添香味。

食用花卉，无论是干花如玫瑰花、薰衣草、菊花、洛神花，还是鲜花如三色堇、勿忘我、玫瑰等，都可为食物增色增香，而且看起来非常美妙，很吸引人。

青酱，味道芳香，色彩艳丽，可丰富菜品的口味和外观。从最经典的罗勒松子仁青酱到芝麻菜榛子青酱、牛肝菌青酱、干番茄青酱，或者甜菜根花生青酱。

酸辣酱，色彩鲜艳，可增加食物的美观度，味道酸甜辣，可与主食材形成对比口感。

鱼子酱，无论是天然的还是人工鱼子酱，都非常适合拿来装饰鞑靼菜品、蛋类菜品、海鲜菜品、肉类菜品和开胃菜。除了众所周知的黑色的大白鲟鱼子酱之外，橘红色的鳟鱼子或外形酷似鱼子酱的巴萨米可珍珠醋都可以产生非常美观的装饰效果。

爆藜麦花，是开胃菜及前菜的绝配，可给菜品增加酥脆的口感，还带有坚果香味。

盐之花、马尔顿天然海盐，有不同的颜色及口味、形状与大小，用作装饰能够提升菜品的档次。

薄脆饼干，和开胃菜是完美搭档，还可以给前菜及主菜增加风味。制作薄脆饼干的原料可以是米、木薯、帕玛森芝士或糯米纸。

甜味装饰食材

1 空心巧克力球（79页）
2 巧克力梳子筒（81页）
3 巧克力小碗（76页）
4 巧克力花环片（78页）
5 巧克力叶子（79页）
6 巧克力干草丛（75页）
7 巧克力卷曲三角片（80页）
8 巧克力编织片（78页）
9 巧克力字母（77页）
10 巧克力坚果片（76页）
11 巧克力蜂巢（75页）
12 巧克力环（80页）
13 空心巧克力筒（81页）
14 带刺巧克力片（74页）
15 巧克力气囊（74页）
16 巧克力海绵（77页）

17 可可脆筒（249页）
18 椰子香橙脆筒（249页）
19 焦糖饼干（245页）
20 糖果片（70页）
21 焦糖小碗（72页）
22 酥皮脆饼（249页）
23 五彩糖浆片（245页）
24 蜂巢糖（71页）
25 可可香橙饼（249页）
26 草莓鱼子酱（71页）
27 坚果巧克力脆饼（250页）
28 开心果焦糖（73页）
29 榛果脆（245页）
30 琥珀榛子（245页）
31 芝麻饼干（246页）
32 焦糖爆米花（246页）
33 开心果波浪片（250页）
34 蛋白霜溶豆（70页）
35 焦糖白巧克力（246页）
36 覆盆子酥（245页）
37 白巧克力碎（247页）
38 开心果酥粒（246页）
39 蛋白霜片（246页）
40 巧克力酥（247页）

蛋白霜溶豆

1 取 4 个蛋清加 1 小撮盐打至起泡，分次加入 200 克糖再打发约 7 分钟，直到糖全部溶化，抬起搅拌头，尖端的蛋白霜不会滴落。加入 1 小匙土豆淀粉再搅拌一下。用竹扦或勺子倒入少许食用色素拌匀。

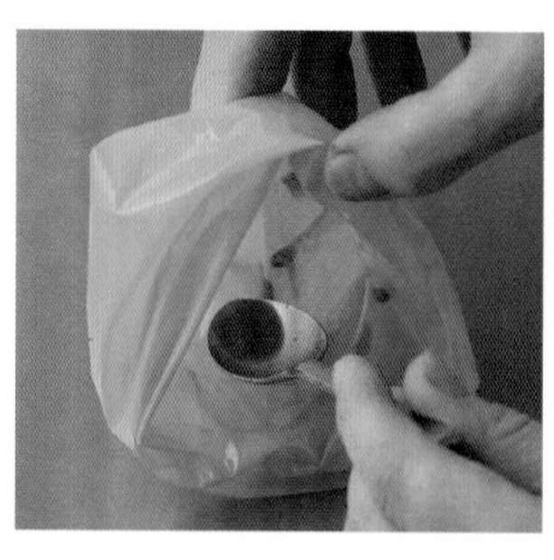

2 烤箱开上下火预热至 100℃。蛋白霜放进裱花袋中，挤在铺好烘焙纸的烤盘上。根据大小烤 90~110 分钟，期间不时打开烤箱，让里面的水汽散开。晾凉后放进密封盒中，可保存几星期。

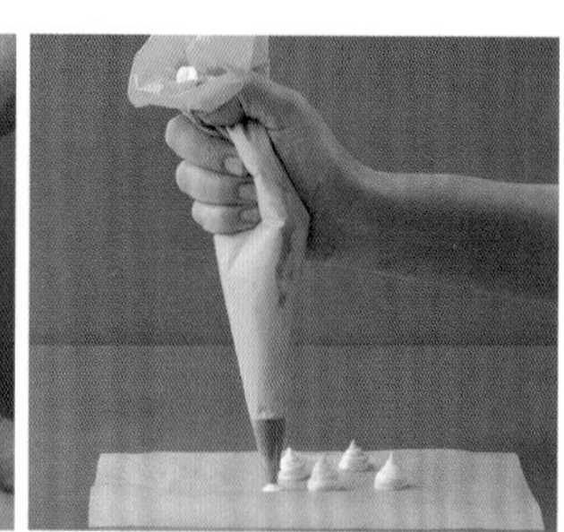

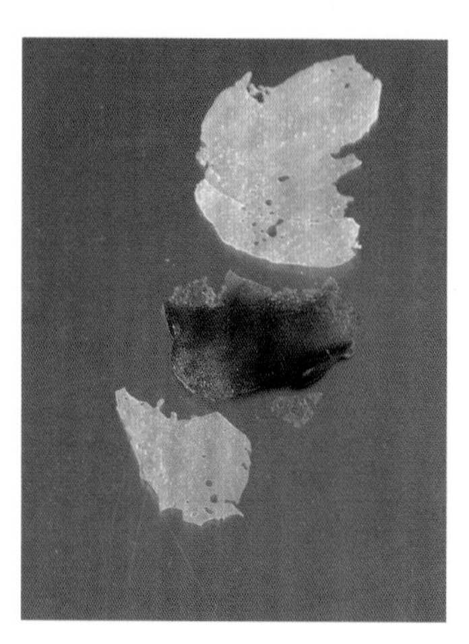

糖果片

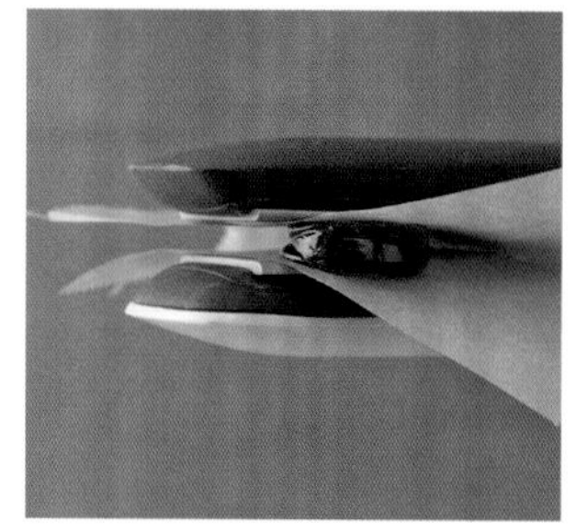

直发器预热好，将 1 个水果糖夹在两张烘焙纸之间，用直发器夹好加热，使糖果逐渐熔化成薄片，晾凉后放进密封盒中保存。

蜂巢糖

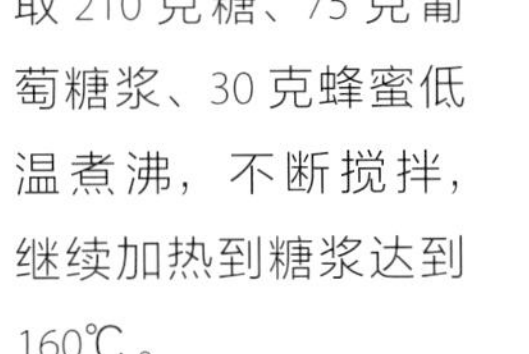

1 取 210 克糖、75 克葡萄糖浆、30 克蜂蜜低温煮沸，不断搅拌，继续加热到糖浆达到 160℃。

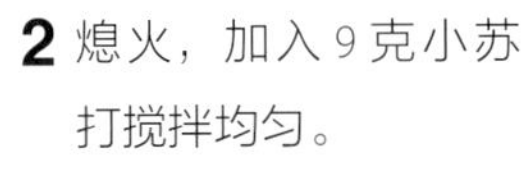

2 熄火，加入 9 克小苏打搅拌均匀。

3 将糖浆倒在烘焙纸上晾凉，完全冷却后掰成小块，放在密封盒中保存。

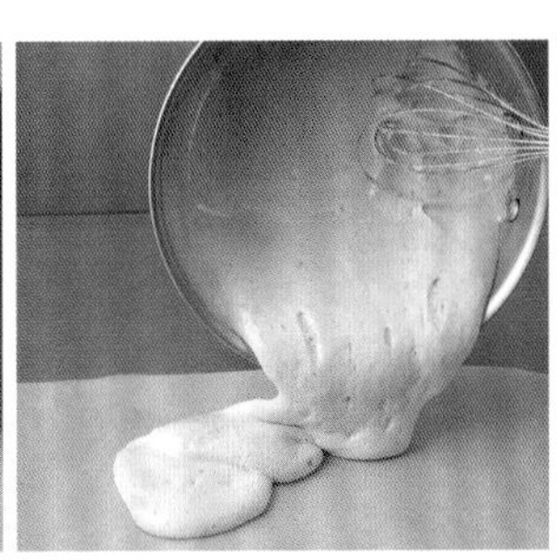

草莓鱼子酱

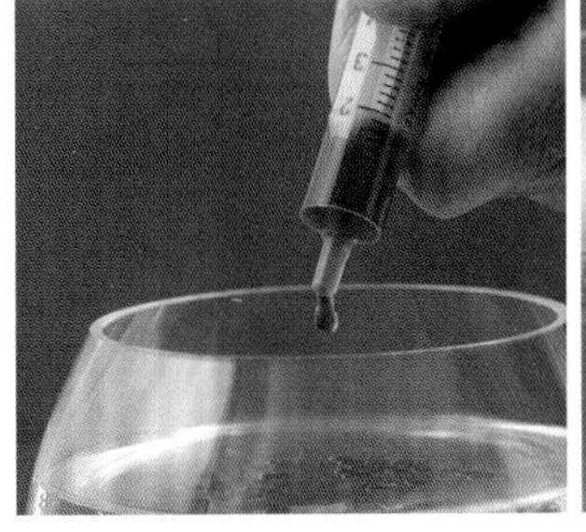

1 取容器装一半水，再加入占容器 1/8 体积的植物油，冷冻约 1 小时。200 毫升草莓汁放进小锅，中火收汁至一半，加入 2 克琼脂混合均匀后再煮沸。熄火，稍微晾凉后倒入注射针筒中。将容器从冷冻室取出，将针筒中的草莓汁注射进容器中，形成一粒一粒的小圆粒。

2 用汤匙捞出“鱼子”，放在漏勺上，用冷水冲洗。

意式蛋白霜

1 取 150 克糖加 50 克水煮沸，用中火继续煮沸 10 分钟，至糖浆达到 118℃为止。期间将 100 克蛋清用搅拌机打发，打发时分次加入 50 克糖。

2 糖浆煮好后熄火，慢慢倒入蛋白霜中，一边倒一边用搅拌机搅打。倒完再搅打约 20 分钟，直到蛋白霜降温至室温。然后就可以用蛋白霜涂抹在盘子上，或者装入裱花袋挤出水滴状，用以装饰小蛋糕。

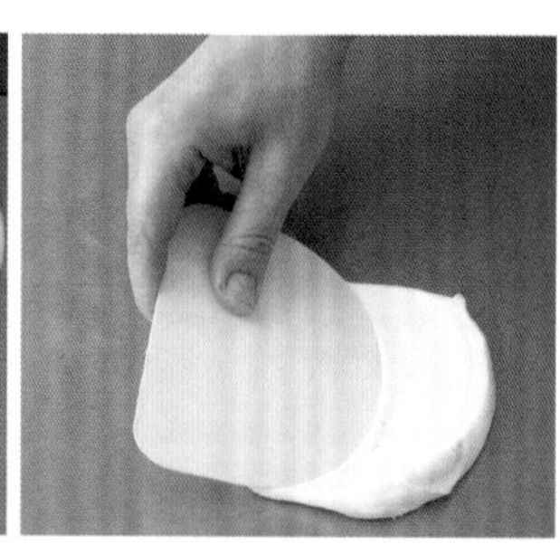

3 最后再用喷火枪，灼烧成焦黄色。

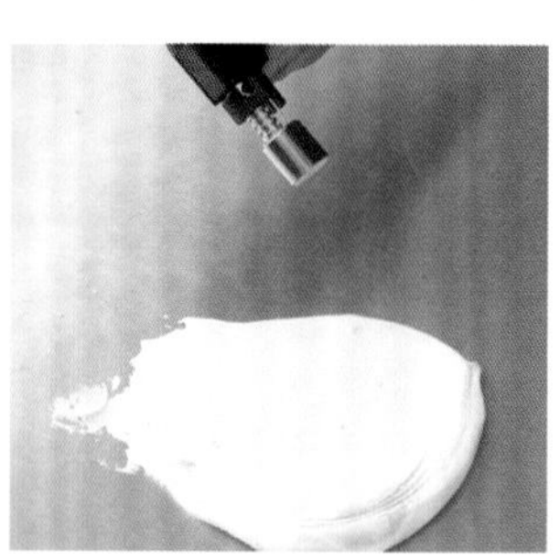

焦糖小碗

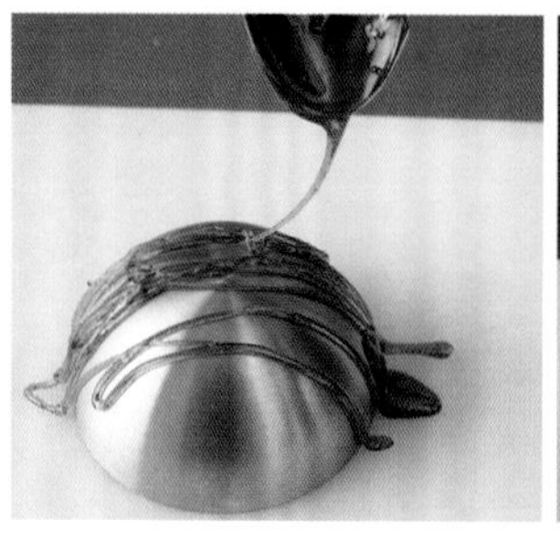

1 取一个金属圆碗（或用大圆勺代替）倒扣，外面刷上植物油，放在一旁待用。200 克糖放进锅中，烧成琥珀色焦糖，熄火，舀出焦糖小心在圆碗上顺着一个方向来回画线。

2 再垂直画线，画好后小心将编织出来的焦糖从碗上脱模。如果当时不用，可放进密封盒中保存。

拔丝榛子

1 80 克完整榛子仁不加油用平底锅干炒，晾凉后每个榛子仁都插上牙签。

2 取 200 克糖放进锅中以中火加热熔化成琥珀色焦糖，熄火，一个一个放入榛子仁裹上焦糖，拿出时拉出一根小“尾巴”。如焦糖不够黏稠，就稍微晾凉些再放榛子仁。

3 将榛子仁上的牙签插在泡沫上，晾凉后即可。也可以把榛子仁换成草莓等水果。

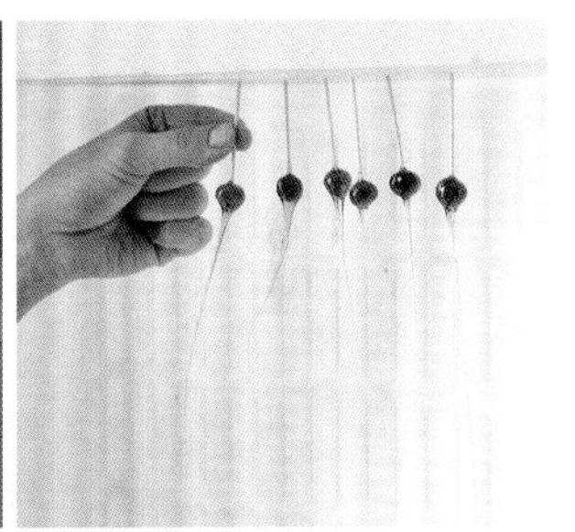

开心果焦糖

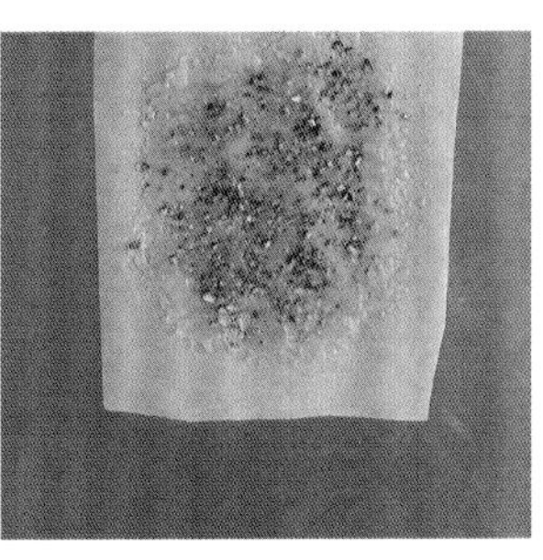

1 烤箱开上下火预热至 220℃。40 克开心果剁碎。100 克焦糖糖果用搅拌机打成粉，过筛在铺好烘焙纸的烤盘上。

2 将开心果碎均匀撒在焦糖粉上。

3 入预热好的烤箱烤约 45 分钟，直到焦糖呈现金黄色。取出晾凉，掰成小块，放进密封盒中保存。

巧克力气囊

1 取500克牛奶巧克力坐于热水中熔化，加入100克植物油拌匀。大碗铺上保鲜膜备用。将巧克力植物油酱过滤后倒入奶油枪中（容量500毫升），装上4颗气弹，每加入1颗就用力摇晃1分钟左右。

2 将泡沫打入铺好保鲜膜的大碗中，静置约2小时，晾凉后掰成小块。

带刺巧克力片

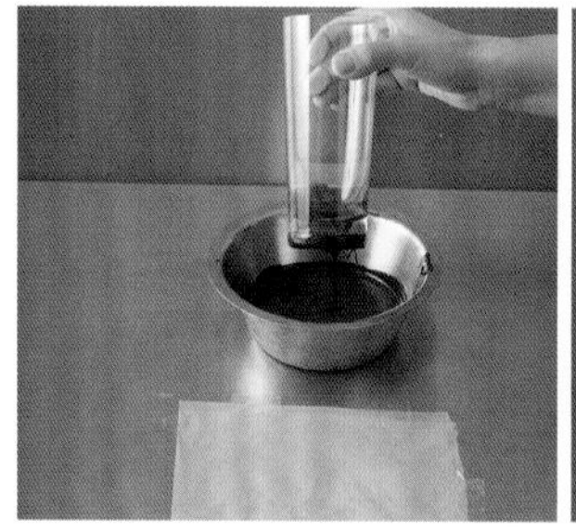

1 将200克调温巧克力（246页）放入小碗，取平底杯，将杯底浸入巧克力中蘸一下。

2 立刻将杯子取出，放在烘焙纸上，再迅速抬起杯子。

3 粘连的巧克力会形成“刺”，放入冰箱冷藏约2小时，撒点金黄色的可食用粉末。

巧克力蜂巢

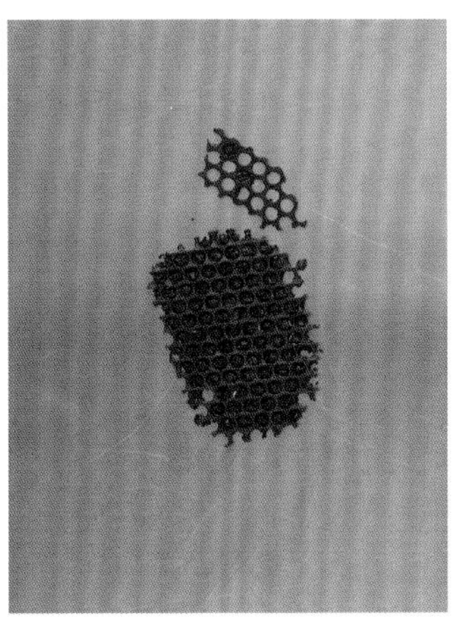

1 取气泡纸，薄薄涂一层植物油。

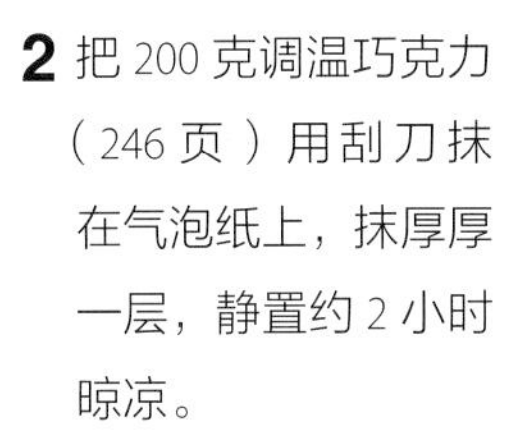

2 把 200 克调温巧克力（246 页）用刮刀抹在气泡纸上，抹厚厚一层，静置约 2 小时晾凉。

3 将巧克力朝下、气泡纸朝上，剥离气泡纸，然后掰成小片。

巧克力干草丛

水倒入深容器如玻璃杯，冷冻约 1 小时成冰水（没有结冰）。150 克调温巧克力（246 页）装入裱花袋中，挤入装有冰水的容器中，静置 15 分钟，待巧克力变硬后拿出，放在厨房纸巾上晾干。

巧克力小碗

1 取干净的新气球吹好扎紧。300 克调温巧克力（246 页）放入深碗中。将气球浸入巧克力酱至 1/2 处，让巧克力裹住气球。

2 从巧克力酱中取出气球，小心地放在铺有烘焙纸的盘子上，冷冻约 1 小时。

3 从冰箱取出，刺破气球，小心取出巧克力小碗。

巧克力坚果片

1 取 200 克调温巧克力（246 页）倒在铺有烘焙纸的烤盘上。

2 用刮刀将巧克力抹平。

3 在仍有余温的巧克力上撒烤香的榛子仁碎或其他装饰食材，冷冻约 2 小时至凝固，取出掰成小块。

巧克力海绵

1 取80克磨碎的榛子仁、5个鸡蛋、135克糖、45克德果505号面粉及30克可可粉（也可用其他颜色的水果粉代替），用手持搅拌器打匀，过筛后装入奶油枪中（容量500毫升）。

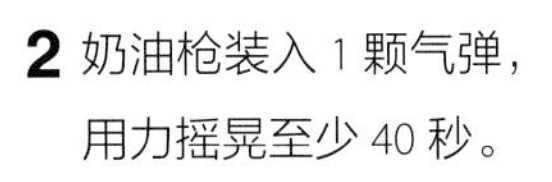

2 奶油枪装入1颗气弹，用力摇晃至少40秒。

3 将泡沫打进能放进微波炉的容器中，放进微波炉高火加热1分钟。

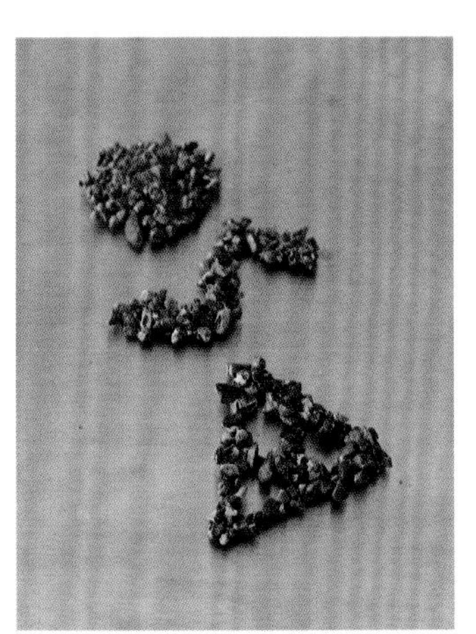

1 取150克可可粒（也可用剁碎的榛子仁或糖浆块代替）切碎，放进盘中。

2 取100克调温巧克力（246页）装入裱花袋，在可可碎上随意挤出形状，冷冻约2小时。

巧克力字母

巧克力编织片

1 取一张硬质塑料片。150克调温巧克力（246页）装入裱花袋，在整张塑料片上画满斜线。

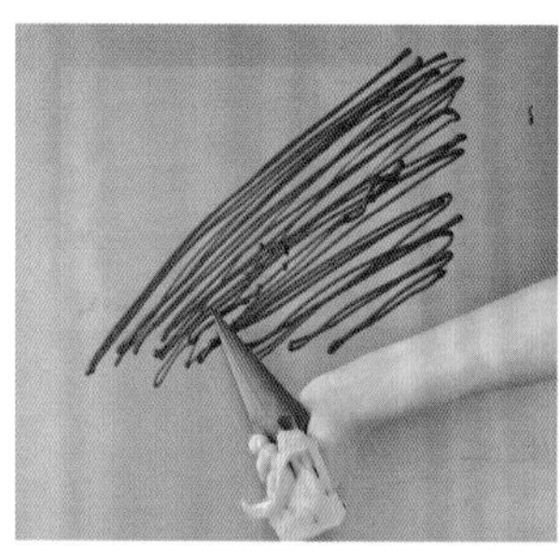

2 再垂直画上细线。

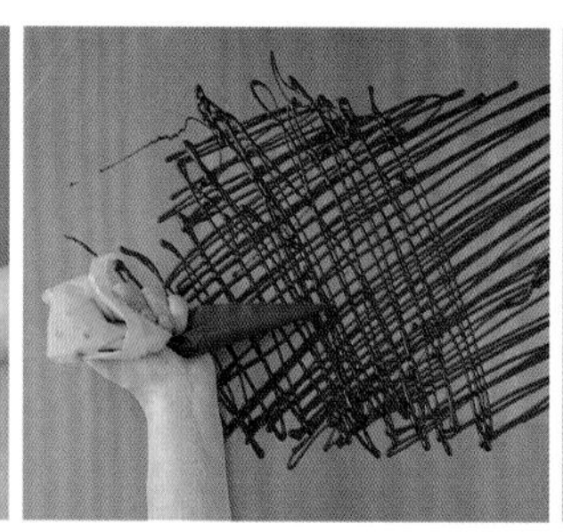

3 待巧克力稍硬，但还没有完全凝固时，用圆形模具压出圆圈。如巧克力太硬，可将模具先放在预热好的平底锅中加热再操作。

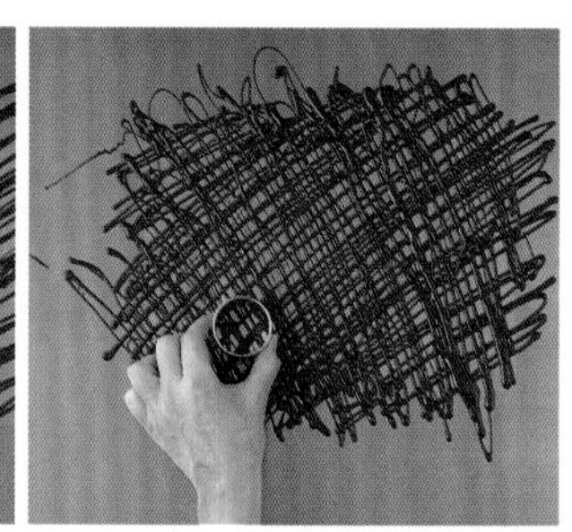

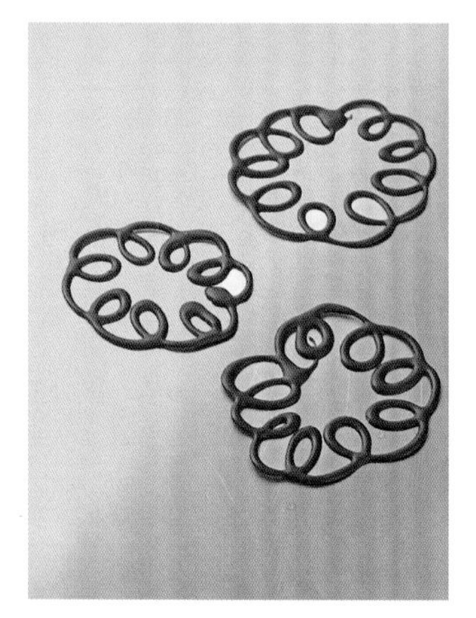

巧克力花环片

取100克调温巧克力（246页）装入裱花袋，在烘焙纸上迅速画圈，大小形状可按自己喜欢的方式。

空心巧克力球

1 取中间能打开的塑料空心圆球，打开成两半。取 80 克调温巧克力（246 页）倒入其中一个半圆球中，至 1/3 满。

2 将圆球组装好，用力摇晃，使巧克力能均匀分布在整个球的内壁。

3 将圆球冷冻约 2 小时，使巧克力变硬且形成一个完整的空心圆球，脱模后小心取出巧克力球。

4 如果想在圆球上打孔，可以将圆形模具用喷火枪加热，再去打孔。

巧克力叶子

取一片漂亮的树叶，洗净（也可以使用月桂叶）。叶子背面薄薄刷上一层植物油，再薄薄涂上一层调温巧克力（246 页）。放在铺有烘焙纸的盘子里，冷藏约 2 小时，取出后小心将树叶剥离。

巧克力卷曲三角片

1 烘焙纸裁成 4 厘米 × 6 厘米的长方形。取 50 克调温巧克力（246 页）装入裱花袋，在烘焙纸上画三角形，在三角形内也画上几笔。

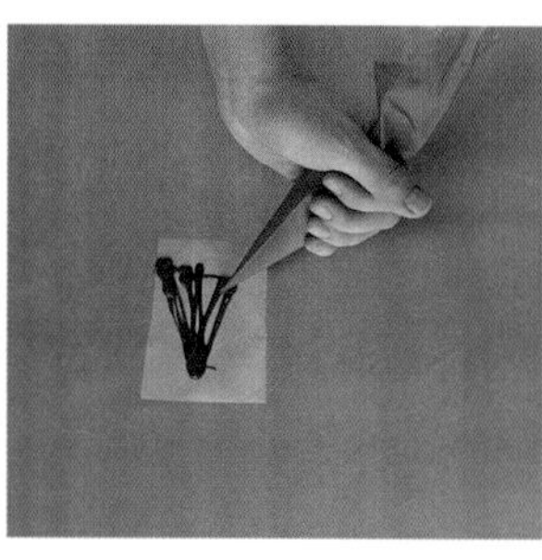

2 将画好的烘焙纸放进半个圆柱体内，再冷冻 2 小时。

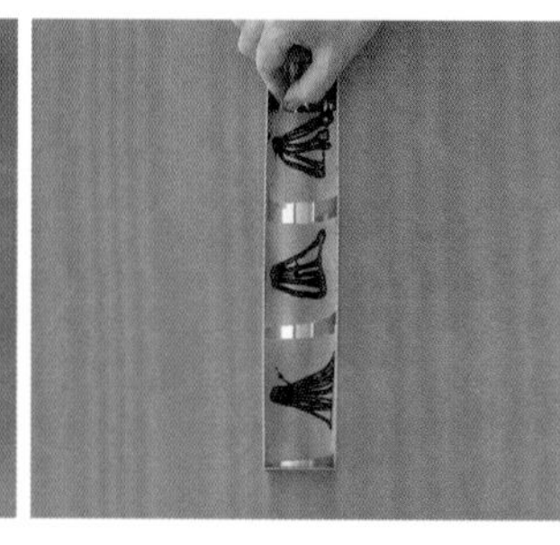

3 取出后脱模，撒些食用金粉点缀。

巧克力环

1 取 150 克调温巧克力（246 页）倒在塑料片上，用刮板刮平。

2 待巧克力稍微变硬，但还没完全凝固，以锯齿刮板从头到尾刮出线条。

3 把塑料片从一角沿着对角线卷起，用胶带粘好，冷藏约 2 小时。取出后小心脱模。

空心巧克力筒

1 硬质塑料片裁成 11 厘米 ×14 厘米长方片。一半用烘焙纸挡住。取 50 克调温巧克力（246 页）装入裱花袋，并在塑料片上按斜对角方向画线。

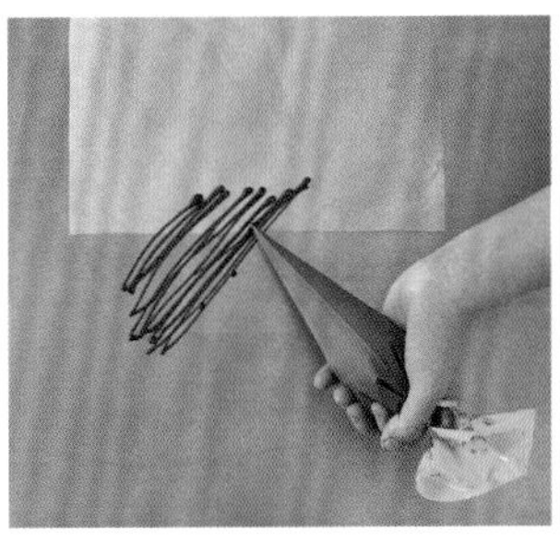

2 再按垂直方向画满。

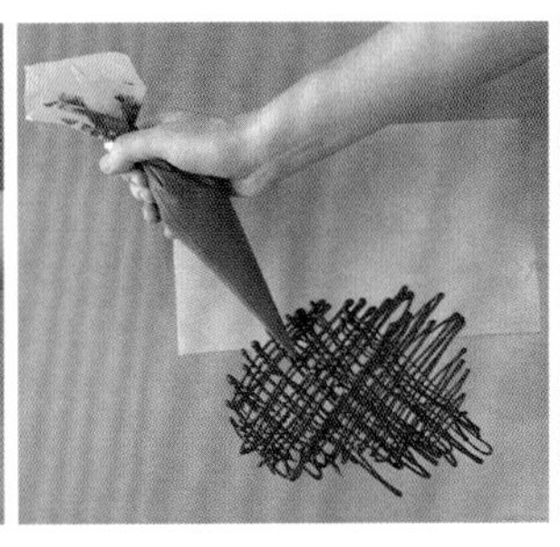

3 小心拿开烘焙纸，塑料片从有巧克力那端开始卷，并使巧克力两端连接起来，卷好后用胶带粘好，冷冻约 2 小时，取出后小心脱模。

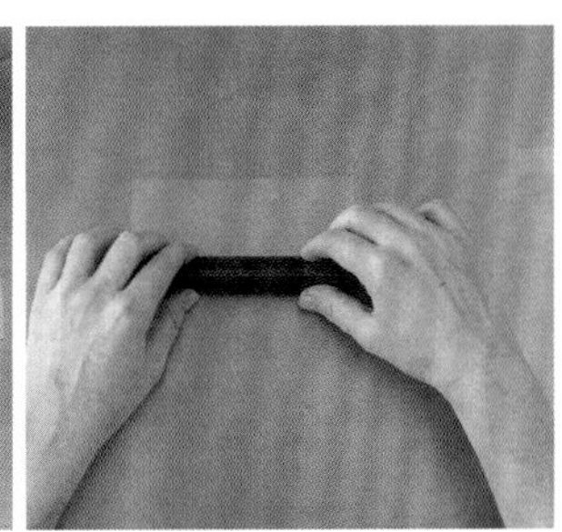

巧克力梳子筒

1 取 1 大匙 60 克调温巧克力（246 页）倒在硬质塑料片上，画出约 10 厘米长的椭圆形。

2 巧克力稍微凝固后，用锯齿刮板从中间向两边分别刮出凹痕。使用曲吻抹刀或汤匙在中间抹一道，使部分痕迹消失。将 5 克开心果碎撒在巧克力上。

3 将塑料片按图片所示挂在圆杆上，静置 2 小时，待干后再小心脱模。

水果装饰食材

1 烤火龙果片（251页）
2 烤梨片（251页）
3 玻璃西洋梨片（251页）
4 烤芒果片（251页）
5 柠檬干及柳橙干（251页）
6 烤草莓片（251页）
7 草莓泥干（251页）
8 烤苹果片（251页）
9 芒果泥干（251页）
10 烤芒果片（251页）
11 烤草莓片（251页）
12 糖渍柠檬皮（251页）
13 拔丝草莓（73页）
14 烤菠萝片（251页）

更多甜味装饰食材

厨房里也有许多可用来装饰的甜味食材，举例如下。

可可粒，它是一种天然的可可产物，加工程度较低，甜度较低，香气十足，略带苦味。最适合添加在综合麦片中，或者用来点缀甜点及果昔。

烘炒坚果，这是最简单的装饰，但非常香而且能带来清脆口感。

烤葡萄干，带梗的葡萄干是上好的装饰食材，也适合当作沙拉配料，或搭配芝士拼盘。

香草，薄荷或柠檬香薄荷点缀在甜点上，能够增加翠绿的颜色和别致的滋味。

水果，是特别好的甜点装饰食材，能丰富甜点的质地和口感，并带来清爽自然的味道。经典的百搭水果有蓝莓、草莓、覆盆子、黑莓、灯笼果和百香果等。糖渍灯笼果或糖渍覆盆子的颜色引人注目，菠萝、火龙果、西洋梨等干水果片的效果也非常棒。

粉状配料，如可可粉、肉桂粉、细糖粉或水果粉等，非常通合用来产生颜色的对比。

鲜奶油，不仅装饰效果极佳，且口感非常美味，再配合可可粉、冷冻覆盆子或果酱，会产生更丰富的撞色效果，而且味道更美妙。

华夫饼，几乎可以搭配所有甜点，并增添不同的质地和口感，制作也很方便。

果酱，可增添不一样的质地，而且能使外观看起来更圆润。

餐　点

本章中的摆盘完毕的菜品，都有步骤图，可直接按图索骥，希望你能更容易着手，进而收获有个人特色美感的经验。你可以在摆盘中加入自己的创意，创造出有个性的方式。有些菜品，我列举了几种不同的摆盘方法，以便更容易理解摆盘艺术的变化与无限可能。现在让我们开始动手摆盘吧！

开胃菜

迷你凯撒沙拉

放帕玛森芝士篮中

2 放 1 片煎面包片，再放上半个鹌鹑蛋。

1 取几片罗马生菜（长棵的生菜，更脆）与紫甘蓝，放进帕玛森芝士篮中。

4 放 1 小撮现磨黑色海盐，点缀少许菜苗。

3 放些沙拉酱。

金枪鱼鞑靼
放华夫饼脆筒中

1 将 1 个华夫饼脆筒按进海盐中。

2 将金枪鱼鞑靼小心舀入脆筒中。

3 放上少许鳟鱼鱼子酱。

4 放 1 根炸米粉。

鸡柳沙拉

佐芒果蒜泥蛋黄酱

1 裱花袋中装入 2 大匙芒果蒜泥蛋黄酱，挤入玻璃杯中。

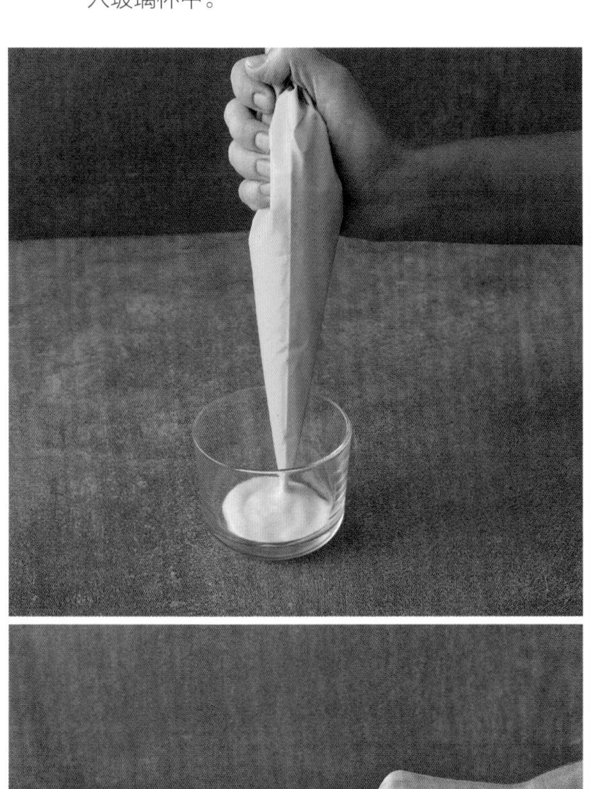

2 放几片腌制的香草。

3 再放上一些甜椒条。

4 放一串熟鸡肉串。

蓝纹芝士串

佐灯笼果、蔓越莓与核桃

1 用叉子插上 1 颗灯笼果和灯笼果的叶子。

2 再插上 1 小块蓝纹芝士。

3 插上 1 颗蔓越莓。

4 蔓越莓旁边插上 1 小块核桃，淋几滴蜂蜜。

迷你塔可

佐莎莎酱与牛油果酱

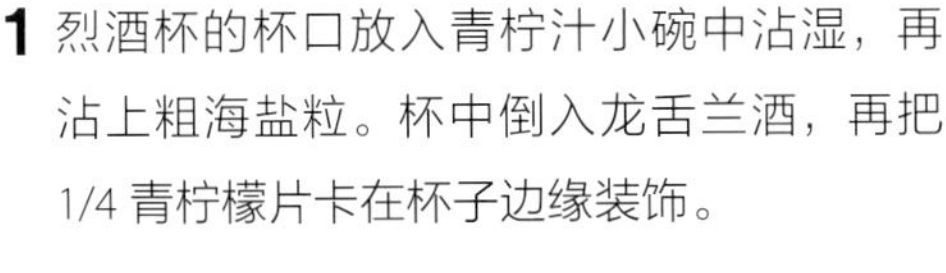

1 烈酒杯的杯口放入青柠汁小碗中沾湿，再沾上粗海盐粒。杯中倒入龙舌兰酒，再把1/4青柠檬片卡在杯子边缘装饰。

2 取半个柠檬，切出如图所示的三角槽，放1片塔可薄饼。放好后，将1大匙莎莎酱鸡柳放在塔可上。

3 挤上1团酸奶油，撒上少许芝士屑。

4 裱花袋中装入牛油果奶油酱，挤在酸奶油旁边，再用香菜叶点缀。

豌豆汤

放玻璃试管中

1 玻璃试管的管口上用刷子刷上 1 厘米高的奶油芝士。

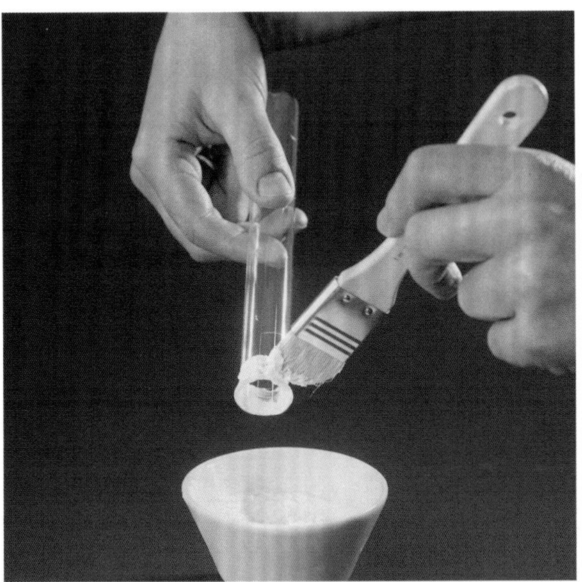

2 管口放入装有爆藜麦花的碗中沾一圈。

3 豌豆汤用漏斗倒入试管。

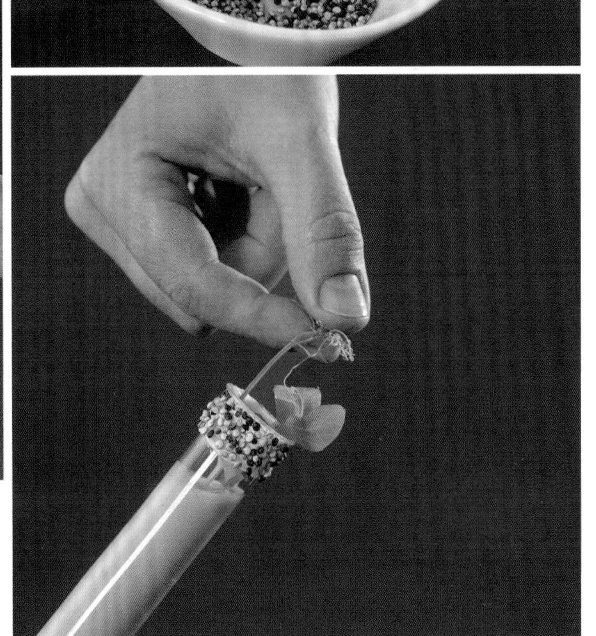

4 再装饰一根豌豆苗。

腌三文鱼

佐甜菜根卷

1 黑麦面包片涂上辣根酱。

2 甜菜根片上放 1 块腌三文鱼，甜菜根两端捏在一起，用小号夹子夹好。

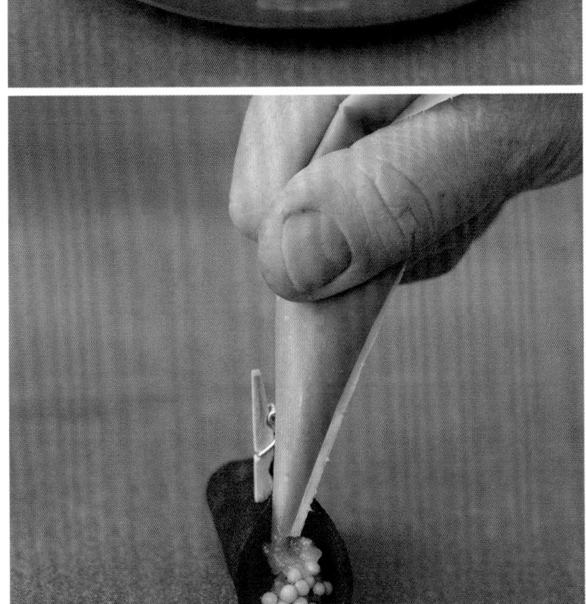

3 在三文鱼两端放一些腌芥末子，再用裱花袋挤上 1 团山葵酱。

4 用莳萝尖装饰。拿着夹子，放到做法 1 上，再撒一点现磨黑海盐。

芒果西班牙冷汤

佐烤面包片

1 取玻璃瓶，用漏斗把汤倒入瓶中至 2/3 满。

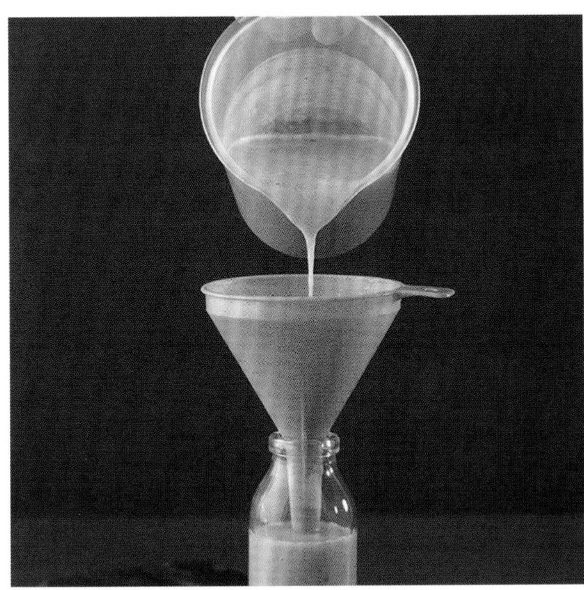

2 用刀在烤面包片上挖出 1 厘米见方的小洞，用裱花袋交错挤上一些法式酸奶油与牛油果酱。

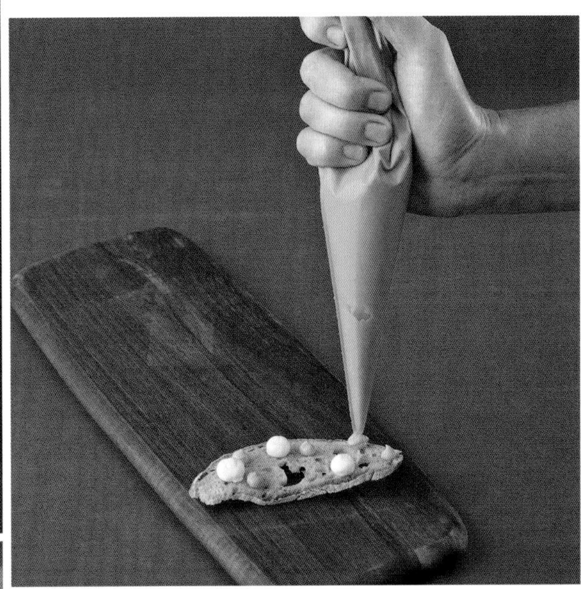

3 用镊子夹几片干黑橄榄片、花瓣和紫苏叶点缀。

4 面包片放在玻璃瓶上，从挖好的小洞中插入吸管。

青柠汁腌虾

放木薯饼上

1 用汤匙将青柠汁腌虾放在木薯饼上。

2 用裱花袋挤入牛油果酱。

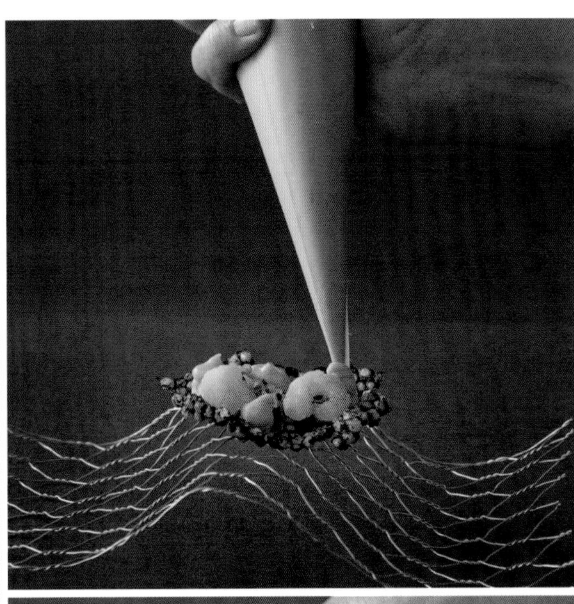

3 再舀入鳟鱼鱼子酱。

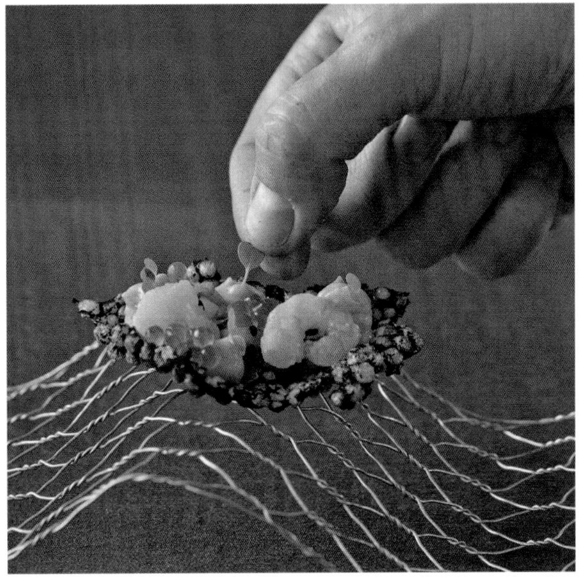

4 点缀少许菜苗。

前 菜

鞑靼牛肉

放烤面包片上

2 用裱花袋在空隙处挤些芥末酱，再挤点蛋黄酱。

1 将鞑靼牛肉铺在烤面包片上，不要全铺满，要留点空隙。

4 将樱桃萝卜切薄片，再切成 4 份，跟刺山柑花蕾一起散放在牛肉上，再放 1 片炸藕片点缀。

3 放少许生菜尖。

鞑靼牛肉

佐鹌鹑蛋

1 取两个直径差 6 厘米的圆形模具如图所示放好，留出 3 厘米宽度的环形空隙，将鞑靼牛肉放进环形中，堆约 2 厘米的高度，表面抹平。

2 用裱花袋等距离挤些芥末酱。

3 每团芥末酱旁摆上 1 片帕玛森芝士脆片，并将鹌鹑蛋切成两半，放芥末酱之间。

4 刺山柑果一切为二，与炸红葱头圈散放上，再用生菜尖及腌芥末子点缀。

鞑靼牛肉

佐芥末酱

1 舀 1 大匙芥末酱放盘子稍偏一点的位置。

2 用小锅的锅底挤压芥末酱。

3 放上鞑靼牛肉。

4 再放上洋葱丁、炸刺山柑花蕾、细香葱及 1 个生蛋黄。

菜花

四种质地

1 将一个圆形小压模沾上石榴凝胶，再印在盘子上，印出若干个图形。

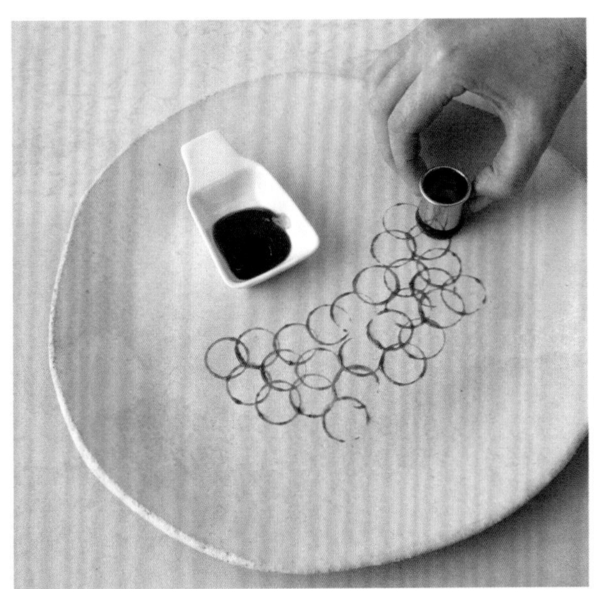

2 将 1 大匙菜花泥放盘上，再用汤匙一侧往下拉出一条线。

3 将几小朵煎至金黄色的菜花放菜泥两边。

4 放上几片炸菜花片及生菜花片，用滴管间隔着在 5 个圆圈里涂上薄荷油。装饰 3 片染色黑色菜花片，再将石榴果粒、核桃碎及紫苏叶散放盘中。

煎鱼块

佐藏红花清汤

1 将 1 大匙墨鱼汁放在接近盘子边缘的地方，再用汤匙如图所示抹成弧形。

2 将 1 只虾、1 块红头鱼、1 根炸土豆丝及 1 只蛤蜊摆放于墨鱼汁上或旁边。

3 将 1 片炒甜椒和 1 片干羽衣甘蓝放在墨鱼汁上，再点缀 1 根豌豆苗。

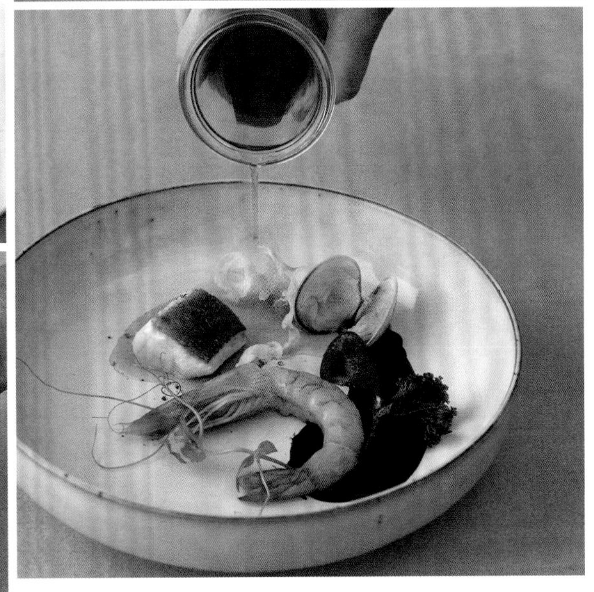

4 将藏红花清汤放进玻璃瓶中，上桌后再小心倒进盘中。

卡普里沙拉

佐烤番茄酱

1 将 1 大匙烤番茄酱放盘中，使用曲吻抹刀往下抹开。

2 使用裱花袋挤出大小不一的帕玛森芝士酱放于番茄酱上。

3 将一些颜色不同的甜菜根脆片、圣女果干及莫扎瑞拉芝士小球散放在番茄酱上。

4 将甜菜菜叶剪成大小不同的圆形，放在番茄酱上。在稍远处平行撒上一排细长的橄榄面包碎。再点缀青酱与巴萨米可珍珠醋装饰。

卡普里沙拉

佐罗勒薄荷青酱

1 将番茄片、螺旋纹甜菜根片、樱桃萝卜片、甜菜根片、洋葱圈间隔着沿着盘子边缘摆成半个弧形。

2 将莫扎瑞拉芝士用圆形压模压成 1 厘米厚的不同大小的圆片，散放在做法 1 上。

3 用裱花袋挤出几小朵青酱。

4 以巴萨米可珍珠醋及莳萝尖装饰，用裱花袋挤些酸奶油点缀。再用滴管滴几滴罗勒油，撒上少许现磨胡椒碎。

卡普里沙拉千层酥

1 取一张薄派皮放盘子中间，放上不同颜色的腌渍圣女果。

2 圣女果上铺一张薄派皮，再放上腌渍圣女果，然后铺上一张薄派皮。

3 将半个布拉塔芝士球放在派皮上。

4 将巴萨米可珍珠醋放在布拉塔芝士球旁，也放点在其他各处。用罗勒叶点缀布拉塔芝士。使用尖嘴挤酱瓶将腌料酱汁涂在千层酥周围，在圣女果上散放些生菜尖，撒些现磨胡椒碎。

热狗 2.0 版

佐炸洋葱酥

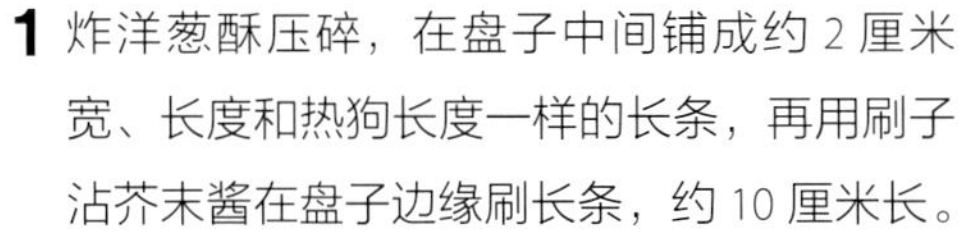

1 炸洋葱酥压碎，在盘子中间铺成约 2 厘米宽、长度和热狗长度一样的长条，再用刷子沾芥末酱在盘子边缘刷长条，约 10 厘米长。

2 将法兰克福香肠切成约 0.5 厘米厚的片，放炸洋葱酥上。

3 捏一小撮酸黄瓜、珍珠圆子及磨碎的辣根散放周围。

4 用裱花袋在热狗上挤上番茄酱，中间的空隙挤上芥末酱，再点缀细辣椒丝。

扇贝
佐豌豆泥

2 扇贝放豌豆泥中间。

1 在扇贝壳中挤 1 大匙豌豆泥。

3 用海芦笋环绕装饰。

4 将鳟鱼鱼子酱散放于扇贝上，再撒少许现磨黑色海盐。

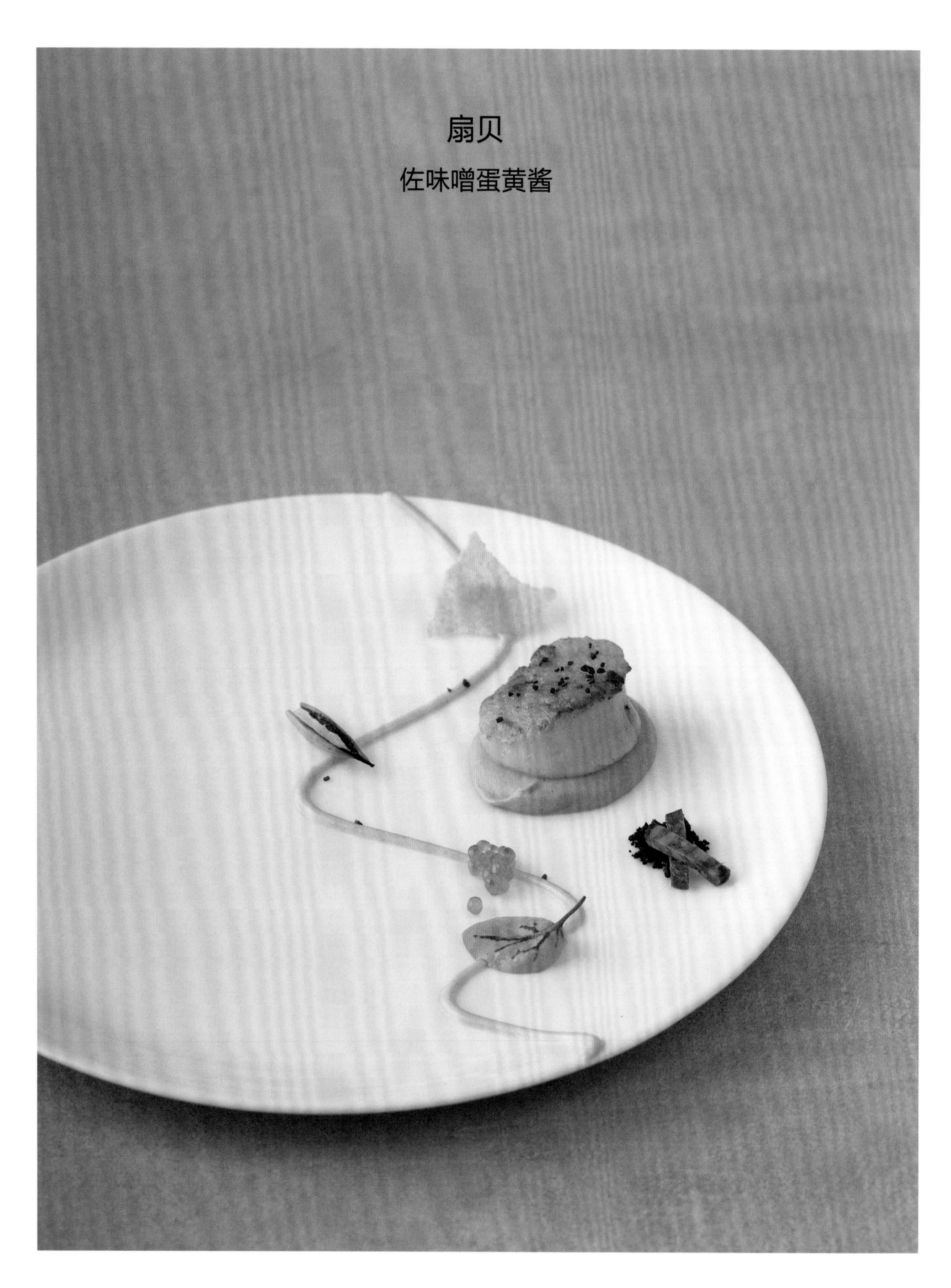

扇贝

佐味噌蛋黄酱

1 用尖嘴挤酱瓶把味噌蛋黄酱在盘中挤出如图所示的曲线。

2 在线条旁舀入 1 大匙豌豆泥，再放上扇贝。

3 将 1 小块杜兰小麦面包片、1 小瓣焦脆红葱头、少许鳕鱼鱼子酱、1 片嫩菜叶，散放在曲线上。

4 在扇贝上撒少许现磨黑色海盐，旁边放少量黑面包碎，点缀 2 根西班牙辣肠条。

扇贝

配黑色粉末

1 小盘子放在大盘子的如图所示的位置，筛上黑色食用色素粉，形成黑色月牙形。

2 豌豆泥放在图示的位置，也形成月牙形。

3 在豌豆泥上等距离摆 3 块扇贝，每一块扇贝前摆上 1 小块杜兰小麦面包片，豌豆泥两端各放 1 小瓣焦脆红葱头。

4 扇贝之间摆上煎好的西班牙辣肠丁，点缀嫩菜叶，扇贝上放少许鳕鱼鱼子酱。

鸡肝慕斯

佐蔓越莓凝胶

1 薄派皮放盘子中间，用裱花袋挤出不同大小的鸡肝慕斯。

2 在慕斯之间挤上蔓越莓凝胶，并在部分鸡肝慕斯上放 1 颗蔓越莓。

3 在鸡肝慕斯之间放上开心果焦糖。

4 取樱桃萝卜切片散放在慕斯旁，再用嫩菜叶点缀。

南瓜汤

佐酥皮饼

1 用裱花袋在酥皮饼上挤出几朵山羊奶油芝士。

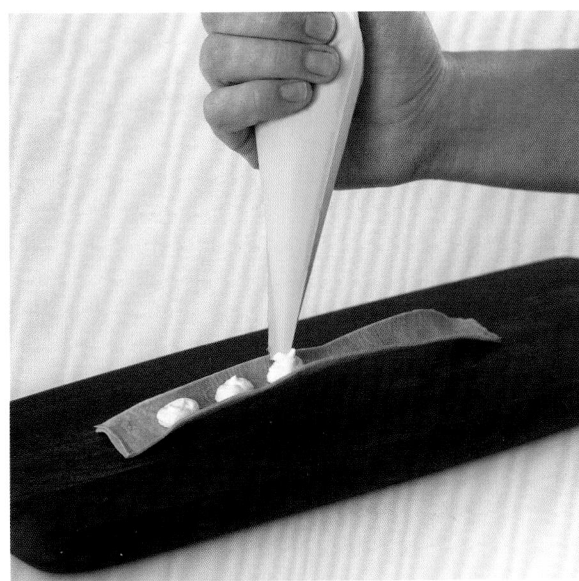

2 在芝士之间舀入少许鳟鱼鱼子酱。

3 菜苗散放于酥皮饼上。

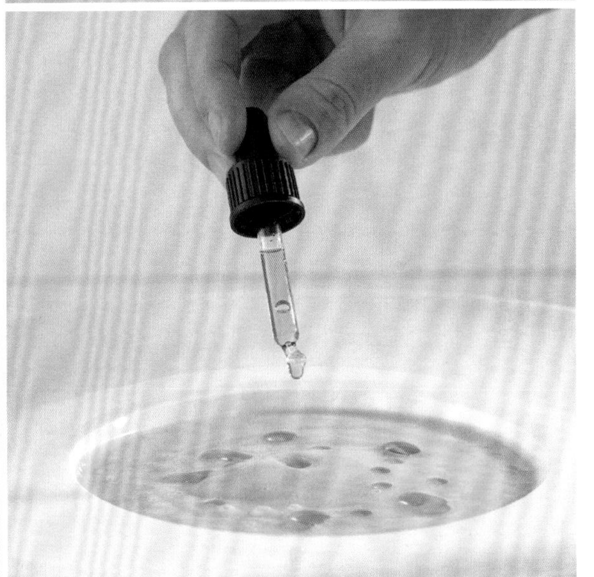

4 南瓜汤倒进汤盘，使用滴管滴几滴细香葱[㊀]油，将酥皮饼小心放在汤盘沿上。

㊀ 细香葱，又叫北葱、虾夷葱、法葱。

南瓜汤

佐哈罗米芝士

1 南瓜汤倒进汤碗中，在图示的位置放上一排煎面包丁。

2 在煎面包丁之间撒上哈罗米芝士块。

3 将细辣椒丝散放于煎面包丁及哈罗米芝士块上。

4 切碎的细香葱撒在煎面包丁及哈罗米芝士块上。

章鱼沙拉

地中海风味

1 将土豆块及橄榄放进空的鱼罐头盒中。

2 放上烤圣女果及西班牙辣肠片。

3 再放入章鱼及刺山柑果实，卷起的章鱼须挂在罐头沿上。

4 用裱花袋挤上西班牙辣肠蛋黄酱，再用菜苗装饰。

火鸡胸肉紫甘蓝沙拉

佐柳橙片

2 放几片洋葱圈及 1 片柳橙片。

1 取 1 片紫甘蓝圆片放在盘子中间。

3 甜菜根用大的圆形模具压出圆片，交错放于柳橙片上。

4 再放 1 片鸡胸肉、紫甘蓝、洋葱圈、柳橙片、甜菜根片、火鸡胸肉片，顶端再放上紫甘蓝。将菠菜叶夹进各层中，放几滴沙拉酱，再用菜苗点缀。

金枪鱼酱小牛肉

佐芦笋

1 将圆形模具放在盘子中间，舀入金枪鱼酱至 1 厘米高。

2 放 3 片小牛肉卷，呈三角形。

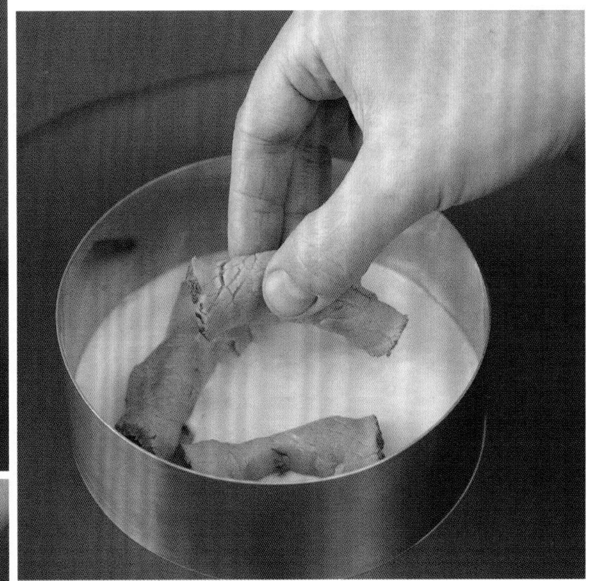

3 小牛肉卷上各斜放 1 根煎芦笋。

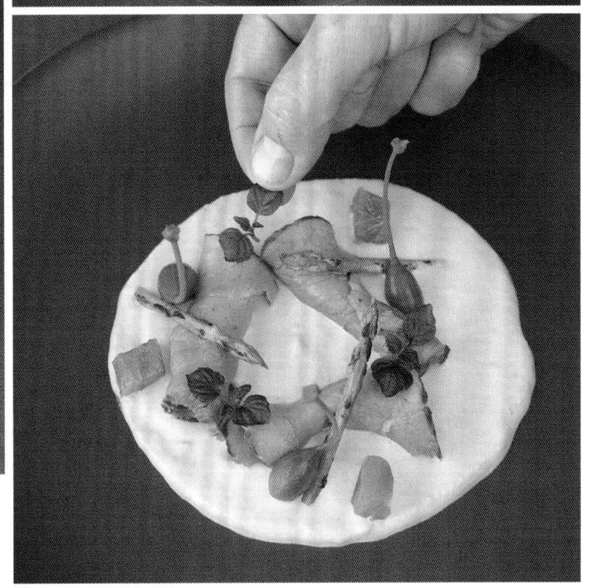

4 小牛肉卷旁放 1 块生金枪鱼块、1 颗刺山柑果实，再用少许菜苗装饰。

主　菜

香嫩鸭胸肉

佐根芹泥

2 用汤匙在根芹泥上拨出 3 处圆形空白，舀入酱料。

1 舀 1 大匙根芹泥放在盘子边缘，用锯齿刮板沿着盘子边缘刮出圆弧形。

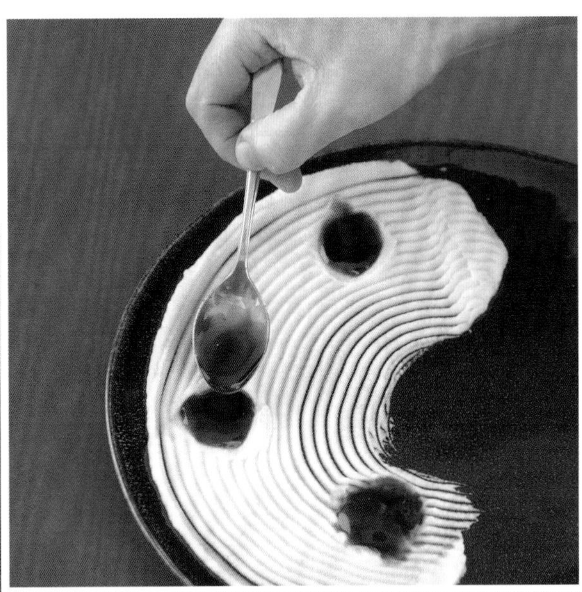

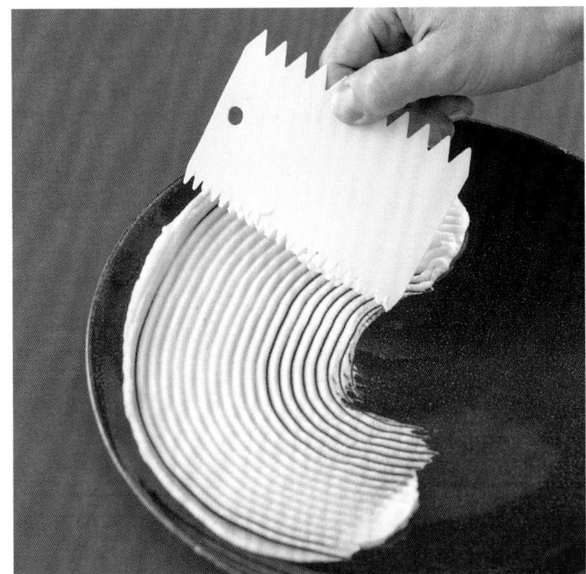

4 在根芹泥上摆上土豆条、蟹味菇、胡萝卜卷及小白菜，再用孜然泡沫点缀其间。剩下的酱汁装碟上桌。

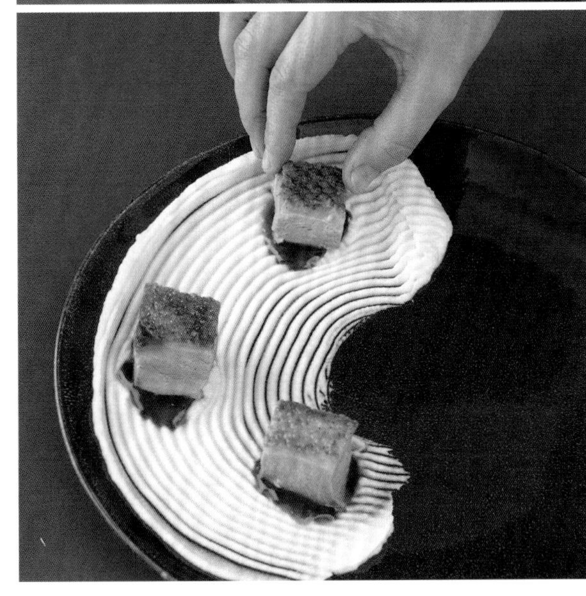

3 酱料上分别放 1 块鸭胸肉。

鳕鱼

佐金汤力泡沫

1 将番茄甜椒酱舀至盘中稍偏一点的位置。

2 将鱼片放酱料中间。

3 用滴管将欧芹油滴在酱料周围。

4 按图示的位置放上炸土豆丝，用奶油枪在酱料周围挤出不同大小的金汤力泡沫，再用少许豌豆苗点缀。

意大利面
佐腰果酱

1 用夹子将和腰果酱拌匀的意大利面卷成一团。

2 将面条小心放盘中，两端稍微拉长，并将几片菠菜散放于面条上。

3 将煎圣女果随意散放面条上方及两旁。

4 放上帕玛森芝士薄片及松子仁，撒些现磨胡椒碎。

柯尼斯堡肉丸

佐甜菜根土豆泥

2 等距离放 3 个柯尼斯堡肉丸。

1 将圆形压模放盘子中间。用裱花袋将甜菜根土豆泥在压模外侧挤出环形。

3 肉丸之间摆上刺山柑果实、1 小块土豆及 1 条甜菜根卷。

4 酱汁倒在肉丸上，再用少量煎过的培根丁及欧芹叶装饰。剩下的酱汁装在酱料盅端上桌。

牛颊肉

佐甘薯泥

1 甘薯泥放在盘子中间。

2 将牛颊肉放在甘薯泥上。

3 浇上少许酱汁。

4 将 1 大匙腌樱桃萝卜片及西芹条放上，再加上 1 片甘薯脆片及 1 片甜菜菜叶。剩下的酱汁装碟上桌。

意式乳清芝士饺

佐甜菜根汤

1 将 3 个饺子并排放入盘中。

2 饺子之间放 1 小匙法式酸奶油。

3 在法式酸奶油上放几段芝麻菜。

4 上桌后，将甜菜根汤倒进盘中，并在饺子上撒些现磨胡椒碎。

意式乳清芝士馄饨
佐番茄酱

1 将圆形压模放盘子中间，填入番茄酱料至2 厘米高。

2 取下模具，将馄饨围着番茄酱料摆一圈。

3 馄饨之间点缀少许罗勒叶。

4 馄饨之间再撒些炒香的松子仁，撒些现磨胡椒碎，在馄饨及盘子上滴几滴橄榄油。

意式乳清芝士饺

佐罗勒泡沫

1 使用尖嘴挤酱瓶把番茄酱在盘中挤出螺旋形，一直延伸到盘子边。

2 腌渍番茄丁放中间。

3 交错放上几片芝麻菜。

4 放上 1 个饺子，再用汤匙添加罗勒泡沫。松子仁撒在番茄酱上，在泡沫上放 1 片紫苏叶。

甜菜根炖饭

佐菲达芝士

1 炖饭放盘中，用汤匙摆出月牙形。

2 点缀少许甜菜根丁与蚕豆。

3 再散放上炸红葱头圈及榛子仁。

4 再用菲达芝士丁及嫩菜叶点缀。

薯饼三文鱼堡

佐球茎甘蓝

1 取小碗倒扣于盘中间，在周围撒上过筛的甜椒粉及姜黄粉。

2 拿走小碗，将 1 块薯饼放在中间。

3 将球茎甘蓝放在薯饼上。

4 三文鱼切成几块，放在球茎甘蓝上，再放几片沾着酱的沙拉菜叶。在周围挤上沙拉酱，再用嫩菜叶装饰。

菲力牛排

佐香草藜麦

1 尖嘴挤酱瓶把甘薯泥在盘上挤出几个大圆圈。

2 将藜麦撒在甘薯泥一边，呈长条状。

3 把牛排斜放在藜麦上。

4 甜菜根凝胶装入裱花袋，挤几滴在盘子上，并以菜苗装饰。在牛排上撒少许黑色海盐。

菲力牛排

佐吐司卷

1 将 1 大匙甘薯泥放在盘中图示的位置，呈橄榄形。

2 取 3 小片牛排交错放在甘薯泥上，再将甘薯丁散放于周围。

3 用裱花袋在食材周边挤几滴菠菜凝胶及甜菜根凝胶。

4 取 3 瓣炸蒜片靠在甘薯丁上。牛排上撒少量现磨粗海盐，再将菜苗散放于盘子上。将约 1 小把综合沙拉放在盘子另一边，并盖上吐司卷。

菲力牛排

杰克逊·波洛克风格

2 将 1 片牛排放甜菜根泥上，挡住一半。1 小匙菠菜用圆形压模压出扁圆柱形，做出 3 个，间隔放于盘中。

1 取 1 大匙甜菜根泥放盘子中间稍微偏一点的位置，用汤匙拍打甜菜根泥，使其在盘中往四周喷溅。

4 放 1 片珊瑚脆片于牛排上。

3 用尖嘴挤酱瓶在盘子上挤出 3 朵甘薯泥，再将 3 瓣焦脆红葱头散放于盘中。

欧鲽鱼卷

佐藏红花蛋黄酱

1 舀 1 大匙藏红花蛋黄酱于盘上，并用锯齿刮板抹开，留一截豁口。

2 将 1 个鱼卷斜放蛋黄酱上。

3 黑米饭压成橄榄形，放在蛋黄酱上方。

4 将烤番茄皮、几小块珊瑚脆片及芒果丁散放于蛋黄酱上面及周围。再用菜苗及芝麻装饰。

甜 点

芝士蛋糕慕斯
佐糖渍覆盆子

1 用宽排刷子将熔化的黑巧克力在盘中刷出圆形。

2 舀 1 小匙熔化黑巧克力放于巧克力圆的右上方，再将巧克力小碗如图所示摆放，待巧克力凝固后，在碗口位置倒入一些糖渍覆盆子。

3 将 3 小块巧克力海绵及 1 团巧克力碎按图示位置放在巧克力圆周上。

4 在巧克力海绵旁，用裱花袋挤 3 大朵芝士蛋糕慕斯，之后再点缀少量蓝莓与灯笼果、拔丝榛子及嫩菜叶装饰。在巧克力碎上放 1 球橄榄形冰淇淋。

芝士蛋糕慕斯
放玻璃杯中

1 取玻璃杯装入一半芝士蛋糕慕斯，再放入凉的百香果汁约 2 厘米高，冷藏 2 小时使其凝固。

2 在百香果凝胶上铺满巧克力碎。

3 用裱花袋在巧克力碎上挤出大小不同的意式蛋白霜，并用喷火枪烧蛋白霜一侧。

4 再将 1 颗拔丝榛子斜放在蛋白霜旁。

芝士蛋糕

佐意式蛋白霜

1 舀 1 大匙蛋白霜于盘子一侧，用刮板大致抹成不规整月牙形，用喷火枪烧蛋白霜的边缘。

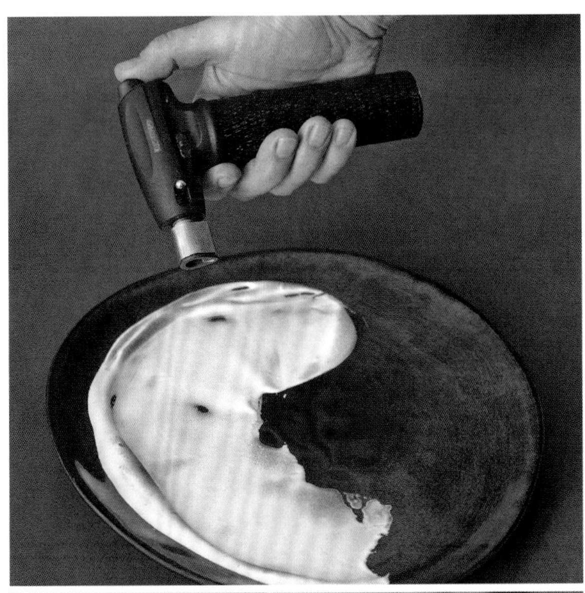

2 在图示位置摆放一块芝士蛋糕。

3 芝士蛋糕旁放 1 大匙巧克力碎，并将 3 颗拔丝棒子散放在蛋白霜上。

4 拔丝棒子旁各放 1/2 颗覆盆子、1 片薄荷叶及 1 小匙糖渍芒果丁。在巧克力碎旁摆上 1 球橄榄形冰淇淋。

意式奶冻

佐草莓凝胶

1 在意式奶冻上倒入 1~2 厘米高的草莓凝胶，冷藏约 2 小时，使其凝固。

2 在草莓凝胶上放 1 大匙开心果酥粒，再斜放上一个马卡龙。

3 将 1 小匙草莓鱼子酱散放在草莓凝胶上，再将 1 个巧克力环放马卡龙上方。

4 将 1 片可可香橙饼干盖住杯口，饼干上放 1 颗草莓及 3 个蛋白霜溶豆装饰。

柠檬挞

佐蛋白霜

1 将 1 个柠檬挞放盘中，用裱花袋在挞两侧挤出大小不一的意式蛋白霜，排成一条直线。

2 用喷火枪烧蛋白霜一侧。

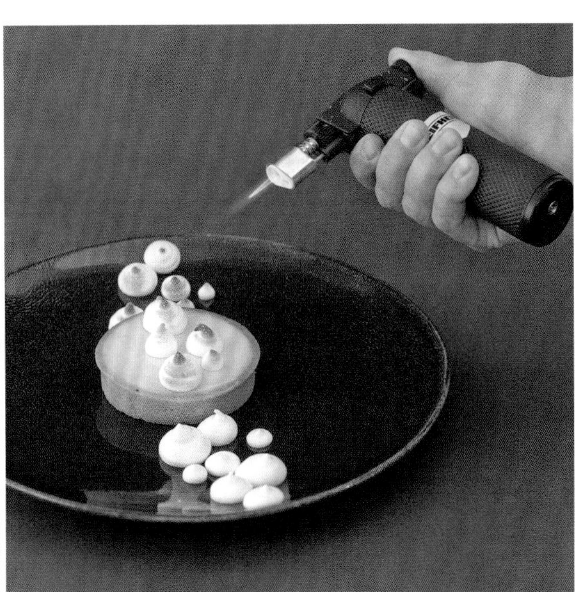

3 用镊子夹可食用花瓣放蛋白霜之间。

4 再用镊子夹葡萄柚果粒散放在蛋白霜间隙，在柠檬挞上放 1 片巧克力编织片，并在蛋白霜之间点缀几片薄荷叶。

滴落巧克力蛋糕

1 舀1大匙巧克力奶油酱在盘中，用汤匙拍打，使其往四周喷溅。

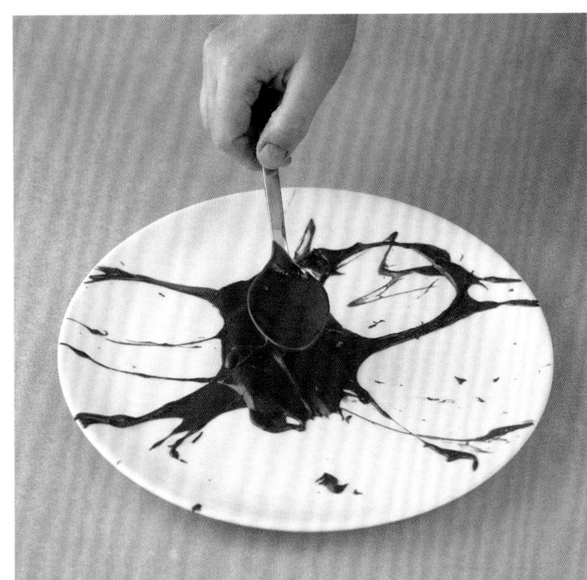

2 将巧克力蛋糕放巧克力酱上，挡住一半。

3 将焦糖爆米花散放于盘中。

4 将1球橄榄形冰淇淋放蛋糕前，在蛋糕上撒少许粗粒海盐。

巧克力蛋糕

佐焦糖酱

1 舀 1 勺海盐焦糖酱放盘子中如图所示的位置。

2 将巧克力蛋糕放焦糖酱上，挡住一半。

3 用汤匙将巧克力碎在蛋糕前铺开。

4 将 1 球橄榄形覆盆子冰淇淋放在蛋糕上，再散放些焦糖爆米花于巧克力碎上。

巧克力蛋糕

佐焦糖爆米花

1 用宽排刷子将熔化的巧克力在盘子右侧刷出一条横跨盘面的宽幅长条。如想画出完美直线，可以先在盘子上粘 2 条平行胶带，等到巧克力凝固后，再撕掉胶带。

2 将巧克力蛋糕放在巧克力上，挡住巧克力 2/3。

3 在蛋糕前方摆上 1 大匙巧克力酥，再将 1 球橄榄形冰淇淋放巧克力酥上。

4 在巧克力及蛋糕上撒些爆米花和开心果仁点缀。

巧克力慕斯

佐灯笼果

1 用裱花袋在盘子中挤出不同大小的巧克力慕斯，排成圆弧形。

2 在巧克力慕斯间挤几朵打发奶油点缀。

3 将 3 个法甜放在慕斯上。

4 将蜂巢糖及一切为二开的灯笼果散放于慕斯上，再用薄荷叶点缀，并在外侧淋上糖浆。

巧克力梳子筒
佐黑灯笼果甘纳许

1 将 1 小匙芒果凝胶舀在盘中，用锯齿刮板抹开。

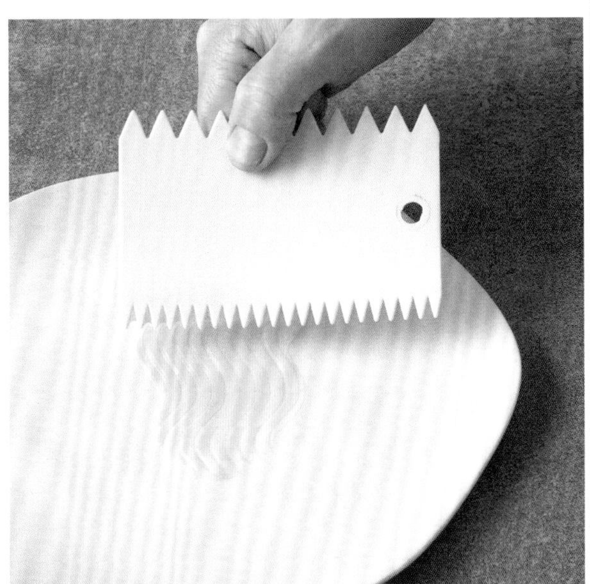

2 在凝胶旁边筛些可可粉。

3 将巧克力梳子筒放在凝胶与可可粉之间。将巧克力蛋糕切成能放进梳子筒的大小，放梳子筒中。

4 裱花袋装上甘纳许，挤到饼干上，另取裱花袋挤出芒果凝胶，再取裱花袋挤出打发奶油，并用少许薄荷叶点缀。在巧克力梳子筒旁用饼干丁及芒果丁交错摆放。

柠檬凝乳马卡龙

佐香草冰淇淋

1 取 2 个马卡龙夹入 1 大匙柠檬凝乳。将圆饼形冰淇淋放在盘中一侧，再把马卡龙放在冰淇淋上一侧。

2 用小汤匙将花粉散放于冰淇淋上。

3 将蜂蜜用尖嘴挤酱瓶挤到冰淇淋凹下去的格子中。

4 将蛋白霜溶豆散放在冰淇淋上，在盘子空白处，摆上几个带刺巧克力片，也可斜放于马卡龙旁边，滴上几滴蜂蜜，用嫩菜叶点缀于马卡龙上。在冰淇淋周围散放上白巧克力碎。

柠檬凝乳马卡龙

佐柠檬慕斯

2 在盘子右上方将可可粉筛出1个小圆圈，将空心巧克力球放在可可粉上，再筛些可可粉于球上。

1 用刷子将熔化的巧克力在盘子上刷出一条S形线条。

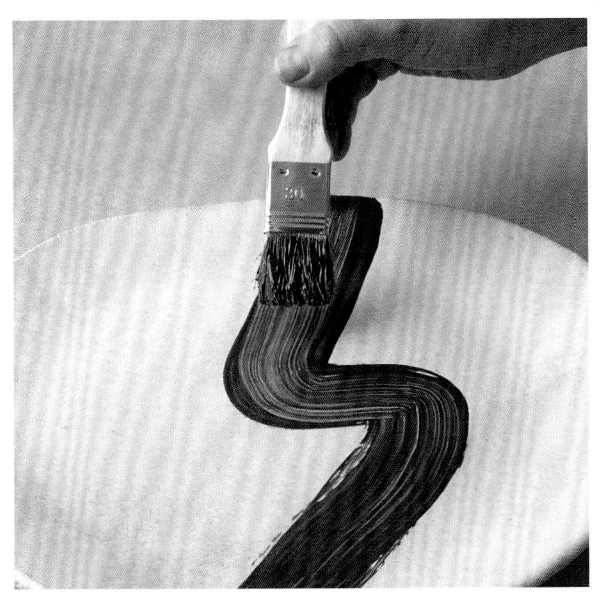

4 取2个马卡龙夹入1大匙檬凝乳。将马卡龙放盘上，1条巧克力环斜靠在球上。用裱花袋在盘面上挤几朵灯笼果凝胶。再用糖渍灯笼果、蛋白霜片及菜苗点缀。

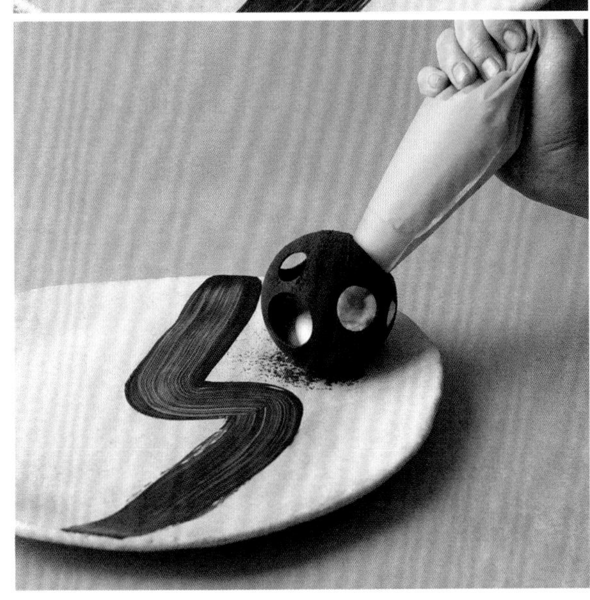

3 将慕斯用裱花袋挤进空心巧克力球中。

柠檬凝乳马卡龙

佐芒果凝胶

1 用裱花袋在盘中挤 3 朵柠檬凝乳。

2 在每朵凝乳上，斜放一个马卡龙。

3 在凝乳前分别撒一些白巧克力碎，再挤 3 小朵覆盆子凝胶。

4 将 3 颗冷冻覆盆子摆在马卡龙旁，芒果凝胶用裱花袋挤在盘中，使所有食材呈半圆形。再将少许薄荷叶点缀。

红果酱

佐芝士丸子

2 将盘子小心竖起来，让红果酱往下流（注意不可流出盘外），形成想要的形状后，就将盘子放平。

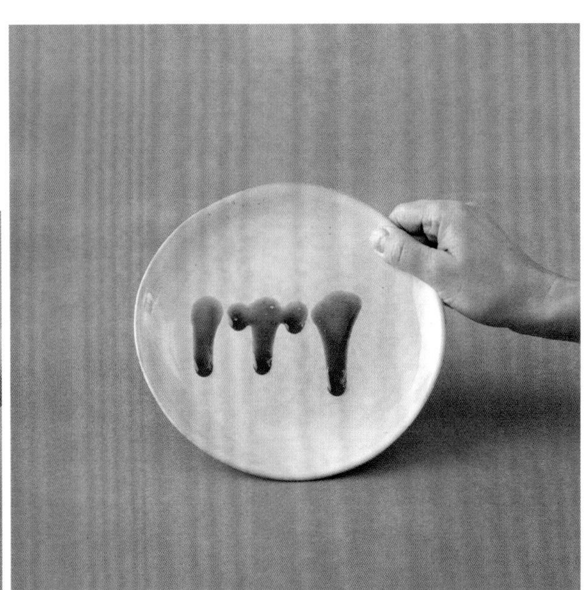

1 用汤匙将大小不一的红果酱[㊀]（不含水果）点在盘子上。

4 在图示的位置摆上3颗奶酪丸子，丸子中间用裱花袋挤入香缇奶油，并用薄荷叶点缀。

3 将新鲜浆果用汤匙放在图示的位置。

㊀ 红果酱，德国北部有名的甜点，主要用红色浆果制作。

食　谱

开胃菜

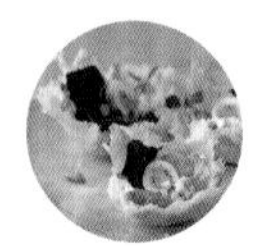

迷你凯撒沙拉
放帕玛森芝士篮中

12份 30分钟 88页

6个鹌鹑蛋
少许蜂蜜、白酒醋
2片吐司
1小匙味道清淡的植物油
适量盐、胡椒粉
1瓣蒜（去皮）
2小匙柠檬汁
1/2小匙中辣芥末酱
1个鸡蛋
3大匙橄榄油
25克帕玛森芝士（刨丝）

搭配材料

12个帕玛森芝士篮
2把罗马生菜、紫甘蓝（洗净撕成大片）
少许黑色海盐、菜苗

做法

1 鹌鹑蛋放冷水锅中，加入白酒醋，用中小火煮沸后熄火，立即入冷水中浸凉，去壳后一切为二。

2 吐司擀成薄片，用直径约2厘米的圆形压模压出12个小圆片，入油锅煎成金黄色，取出放在厨房纸巾上吸油，撒少许盐。

3 将蒜、柠檬汁、芥末酱、鸡蛋、橄榄油、蜂蜜、帕玛森芝士、50毫升水放入搅拌机中，高速搅拌至酱汁呈乳白浓稠状，加盐、胡椒粉调味，如太浓稠可加水稀释。

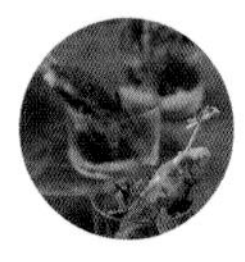

鸡柳沙拉
佐芒果蒜泥蛋黄酱

4份 30分钟 92页

2片鸡胸肉
适量盐、胡椒粉
200克夏威夷豆（切碎）
160克日式面包粉
3大匙德国405号面粉
2个鸡蛋
葵花籽油（煎鸡柳用）
1大匙橄榄油
1小匙白酒醋
2把香草沙拉

搭配材料

芒果蒜泥蛋黄酱（234页）
1个红椒（切细丝）
4个小玻璃杯
4枝长竹扦

做法

1 夏威夷豆碎和日式面包粉混匀。鸡胸肉切长条，两面撒少许盐、胡椒粉，沾上面粉后放入鸡蛋液中，取出后再滚上夏威夷豆碎日式面包粉，放入葵花籽油锅中，用中火煎至金黄色，取出后放在厨房纸巾上吸油。

2 将橄榄油、醋、胡椒粉搅拌均匀，拌入香草沙拉中。

金枪鱼鞑靼
放华夫饼脆筒中

12份 30分钟 2小时 90页

200克金枪鱼（可生食的级别，切小粒）
2大匙酱油
1根葱（切葱花）
5克香菜（切碎）
1大匙香油
1小匙姜（切碎）
1/4小匙辣椒末（可不要）
适量盐
2大匙夏威夷豆（切碎）

搭配材料

12个华夫饼脆筒（232页）
2大匙鳟鱼鱼子酱
适量炸米粉（230页）海盐

做法

前9种材料拌匀，覆上保鲜膜冷藏1~2小时，放入馄饨皮脆筒中，并装饰以鳟鱼鱼子酱和炸米粉。

蓝纹芝士串
佐灯笼果、蔓越莓与核桃

12份 10分钟 94页

350克蓝纹芝士
12颗灯笼果

搭配材料
12只甜点叉
12颗蔓越莓干
2个核桃仁（一切为二，烤香后剁粗粒）
1大匙蜂蜜

做法

1 将蓝纹芝士切成12个2厘米见方的丁。
2 灯笼果两边切去两侧，仅留约1厘米厚的果肉，叶子相连。

豌豆汤
放玻璃试管中

12份 10分钟 1小时 98页

100克葱（切葱花）
适量盐
500克豌豆
20毫升橄榄油
2枝薄荷
150克脱脂牛奶
200毫升水

搭配材料
12支玻璃试管（容量35毫升）
1大匙奶油芝士
爆藜麦花（229页，1/2分量）
12根豌豆苗

做法

葱花放入沸盐水中焯30秒，捞出冲凉。豌豆放入沸盐水焯水约1分钟，捞出冲凉。将葱花、豌豆、橄榄油、薄荷叶、脱脂牛奶、水一起打成平滑的浓汤，加盐调味，过筛后晾凉。

迷你塔可
佐莎莎酱与牛油果酱

12份 45分钟 96页

塔可
1/4头洋葱
1瓣蒜（去皮）
适量盐
400克鸡胸肉
3张软的小麦玉米饼
2大匙黄油（熔化）

莎莎酱
3大匙橄榄油
3小匙番茄酱
1瓣蒜（去皮）
1/4个红色甜椒（粗切碎）
1小个番茄（粗切碎）
1根小红辣椒（粗切碎）
1小撮糖
适量胡椒粉、盐
少许柠檬汁

牛油果酱
1/2个牛油果
1大匙酸奶油
1/2小匙柠檬汁
适量盐

搭配材料
12个烈酒杯
1大匙青柠汁
适量粗海盐（磨粗粒）
200毫升龙舌兰（可用青柠果浆代替）
3片1/4大小的青柠
6个柠檬（纵向一切为二）
4大匙酸奶油
50克高达芝士（刨丝）
1大匙香菜（摘成小片）

做法

1 洋葱和蒜放入沸水锅中，加盐调味，再放入鸡胸肉，用中小火煮15~20分钟至熟，取出晾凉，用两把叉子将鸡肉撕成小块。
2 烤箱开上下火预热至190℃，小麦玉米饼两面刷上黄油，用圆形压模压出12个直径约6厘米的圆片。玛芬烤盘倒扣过来，将圆片放在2个玛芬模具中间，使其卷曲呈迷你塔可饼形，入烤箱烤5~8分钟至成金黄色。
3 将橄榄油、番茄酱、蒜、甜椒、番茄、辣椒、糖放入搅拌杯中，以手持搅拌器打碎，用胡椒粉、盐、柠檬汁调味。莎莎酱就完成了。
4 将鸡肉和莎莎酱拌匀，稍微加热。
5 将牛油果、酸奶油、柠檬汁搅打成泥，加盐调味即成牛油果酱，装进裱花袋中冷藏备用。

腌三文鱼
佐甜菜根卷

12人份 30分钟＋48小时 100页

1 小匙白胡椒粒
适量盐、胡椒粉
50 克糖
400 克带皮三文鱼片
3 大匙金酒
1 把莳萝（切碎）
1 个甜菜根
150 克奶油芝士
2 大匙辣根奶油酱

搭配材料
12 片圆形黑麦面包（直径约 4 厘米）
12 支迷你洗衣夹
适量腌芥末子（229 页）、黑色海盐
2 大匙山葵酱
12 小根莳萝尖

做法

1 白胡椒粒磨粗碎，糖、盐拌匀。三文鱼片洗净擦干，用镊子拔掉刺。鱼片两面抹上金酒、盐、糖、胡椒粉，放上莳萝碎，用保鲜膜包好，再用木砧板或罐头等重物压住，冷藏 1~2 天，期间翻面 1~2 次。
2 腌好的三文鱼从冰箱取出，冷水冲净，擦干后用刀去皮，再切成长方块（约 4 厘米 ×2 厘米 ×2 厘米）。
3 甜菜根在微滚的盐水中煮约 30 分钟，捞出晾凉，去皮后用切片器切薄片，再用直径 4 厘米的压模压出 12 个圆片。
4 将奶油芝士、辣根奶油酱混匀，加盐、胡椒粉调味。

芒果西班牙冷汤
佐烤面包片

4人份 20分钟 2小时 102页

1.5 个芒果（切块）
300 毫升柳橙汁
3 大匙橄榄油
1/2 根黄瓜（去皮去子切方丁）
1/2 颗黄色甜椒（去子切方丁）
1 根葱（切葱花）
1 瓣蒜（切碎）
3 大匙青柠汁
1 片吐司（烤脆）
适量盐、胡椒粉
1/2 个牛油果
1 大匙酸奶油
1/2 小匙柠檬汁

搭配材料
4 根黑色吸管
4 个小玻璃瓶（容量 250 毫升）
4 大片烤面包片（232 页）
2 大匙法式酸奶油
6 个黑橄榄干（切小片）
适量可食花瓣、紫苏叶

做法

1 将芒果、柳橙汁、橄榄油、黄瓜、甜椒、葱、蒜、青柠汁、吐司打成滑顺的泥，加盐、胡椒粉调味，放入冰箱冷藏约 2 小时。
2 将牛油果、酸奶油、柠檬汁打成泥，加盐调味。

青柠汁腌虾
放木薯饼上

12人份 20分钟＋4小时 104页

200 克鲜虾（切成一口大小）
1 根葱（切葱花）
1 大匙红色甜椒（切碎）
1 大匙青柠汁
1 大匙柳橙汁
1/2 小匙植物油
适量盐
1 个芒果（切碎）
1/2 小匙黑芝麻
1 个牛油果（切丁）
1 大匙青柠汁

搭配材料
12 片黑色木薯饼（65 页）
2 大匙鳟鱼鱼子酱
适量菜苗

做法

1 虾、葱花、甜椒、青柠汁在碗中混匀后静置 10 分钟，加入柳橙汁、植物油混匀，加盐调味，冷藏备用，上菜前加入芒果、芝麻轻轻拌匀。
2 将牛油果和青柠汁打成果酱，加盐调味，冷藏保存。

前 菜

鞑靼牛肉
放烤面包片上

4人份 60分钟 108页

400 克牛肉（菲力或沙朗）
2 个蛋黄
1 大匙中辣芥末酱
3 头红葱头（切小丁）
6 克细香葱（切葱花）
适量盐、胡椒粉

搭配材料
4 大片烤面包片（232 页）
适量芥末酱（239 页）、黑色墨鱼汁蛋黄酱（236 页）
1 把绿叶生菜（只取绿色尖端，撕成小块）
2 个樱桃萝卜（切薄片）
2 大匙刺山柑花蕾
4 片炸藕片（230 页）

做法

将牛肉冷冻约 30 分钟，取出后剁碎，加入蛋黄、芥末酱、红葱头、葱花拌匀，加盐、胡椒粉调味。

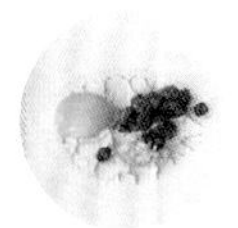

鞑靼牛肉
佐芥末酱

4人份 60分钟 112页

100 克中辣芥末酱
2 大匙酸奶油
400 克牛肉（菲力或沙朗）
2 个蛋黄
3 个红葱头（切碎）
6 克细香葱（切葱花）
适量盐、胡椒粉

搭配材料
1/2 头红洋葱（切丁）
适量炸刺山柑花蕾（230 页）
5 克细香葱（切葱花）
4 个蛋黄

做法

1 将芥末酱、酸奶油搅拌均匀。
2 将牛肉冷冻约 30 分钟，取出后剁碎，加入蛋黄、1 大匙芥末酱、红葱头、葱花拌匀，加盐、胡椒粉味。

鞑靼牛肉
佐鹌鹑蛋

4人份 90分钟 110页

6 个鹌鹑蛋
少许白酒醋
400 克牛肉（菲力或沙朗）
2 个蛋黄
1 大匙中辣芥末酱
3 头红葱头（切碎）
6 克细香葱（切葱花）
适量盐、胡椒粉

搭配材料
4 片帕玛森芝士脆片（掰成小块，63 页）
12 颗刺山柑果实（大的一切为二）
适量芥末酱（239 页）、炸红葱头圈（231 页）、腌芥末子（228 页）
1 把绿叶生菜（只取绿色尖端，撕小片）

做法

1 鹌鹑蛋入冷水锅中，加入白酒醋，用中小火煮沸，立即用冷水浸凉，去壳后一切为二。
2 牛肉冷冻约30分钟，取出后剁丁，加入蛋黄、芥末酱、红葱头、葱花拌匀，加盐、胡椒粉调味。

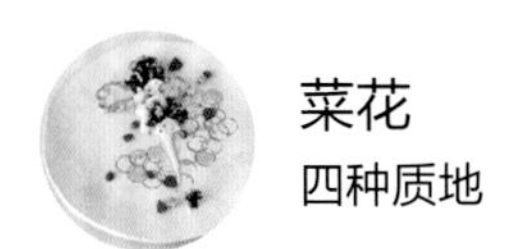

菜花
四种质地

4人份　90分钟　2小时　114页

1 棵菜花
1 大匙面粉
适量盐、胡椒粉、植物油
少许黑色食用色素粉

搭配材料
适量石榴凝胶（238 页）、菜花泥（237 页）、薄荷油（244 页）、紫苏叶
1/2 个石榴果粒
1 把核桃仁（烤香，剁粗粒）

做法

1 面粉、盐、胡椒粉混匀，放入切小朵的 1/2 棵菜花滚匀，放入油锅中煎至变软呈金黄色。
2 剩余 1/2 棵菜花切成薄片，留一部分生菜花片备用。锅中加入 1 大匙油烧至 160℃，将菜花片炸成金黄色，放厨房纸巾上吸油，撒上盐，取 12 片炸菜花用黑色食用色素染色。

卡普里沙拉
佐烤番茄酱

4人份　2分钟　118页

番茄酱
300 克番茄
适量盐、胡椒粉、番茄干
1 小匙糖
50 毫升橄榄油
1 瓣蒜（切碎）
70 克吐司（去四周硬边，切丁）
60 克松子仁（炒香）
300 克圣女果

搭配材料
适量帕玛森芝士酱（238 页）、橄榄面包碎（229 页）、巴萨米可珍珠醋（228 页）
不同颜色的甜菜根脆片，每种颜色半个（做法参考 231 页炸蔬菜脆）
200 克迷你莫扎瑞拉芝士
1 把甜菜叶
罗勒薄荷青酱（237 页，1/2 分量）

做法

1 烤箱开上下火预热至 150℃。番茄切丁，加盐、胡椒粉、糖调味，淋上 1 小匙橄榄油，撒上蒜，入烤箱烤约 30 分钟。面包丁放入平底锅翻炒，炒脆后和松子仁、烤好的番茄、剩余的橄榄油一起打成泥，加盐、胡椒粉调味，晾凉备用。
2 烤箱开上下火预热至 180℃，圣女果一切为二，放耐热容器中，淋上橄榄油，加盐、胡椒粉调味，入烤箱烤约 40 分钟至变干，期间不时打开烤箱门，让蒸汽散发出来，烤好后晾凉备用。

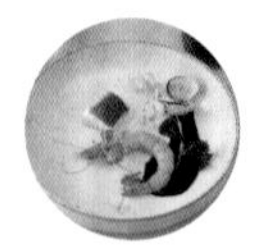

煎鱼块
佐藏红花清汤

4人份　3分钟　116页

120 克帕马火腿
1/2 根西芹（切小片）
1/2 根胡萝卜（切丁）
1/2 头洋葱（切碎）
1 瓣蒜
1 片月桂叶
2 小枝百里香
0.25 克藏红花
1/2 个红色甜椒
适量味道清淡的植物油、盐、胡椒粉
200 克处理干净的蛤蜊
1 瓣蒜（剁碎）
250 克蔬菜高汤
4 只鲜虾
1 块带皮红头鱼
1 小匙面粉

搭配材料
2 大匙墨鱼汁
炸土豆丝（230 页，1/2 分量）
炸羽衣甘蓝片（231 页，1/4 分量）
4 根豌豆苗

做法

1 火腿、西芹、胡萝卜、洋葱、蒜、月桂叶、百里香加入 1 升水煮沸，转小火焖煮约 2 小时，期间撇除泡沫，过滤后取汤汁加入藏红花再低温焖煮约 20 分钟。
2 甜椒切块，锅加 1/2 小匙油，放入甜椒翻炒至变软、变焦。
3 蛤蜊捡出开壳的丢掉。平底锅加油，放入蒜末爆香，加入做法 1 的高汤煮沸，放入蛤蜊，加盖，用中小火煮约 3 分钟至蛤蜊壳打开，捡出未开壳的丢掉，保温备用。
4 虾挑去肠，锅加 1 大匙油，放入虾煎熟，撒少许盐、胡椒粉，保温备用。
5 鱼洗净擦干，切为 4 块，两面抹盐、胡椒粉、面粉。锅加油烧热，将鱼块带皮的面朝下放入锅中煎至鱼皮酥脆，期间不时用锅铲压鱼块使其保持平整。等鱼块煎熟至厚度的 2/3 后（鱼熟了透明的肉会变成白色）翻面，熄火，用余温把鱼煎至全熟，保温备用。

卡普里沙拉
佐罗勒薄荷青酱

4人份 60分钟 120页

2 个番茄
4 个圣女果
4 个樱桃萝卜
1 个小甜菜根
1 个螺旋纹甜菜根
1/2 头红洋葱
200 克莫扎瑞拉芝士

搭配材料
罗勒薄荷青酱（237 页，1/2 分量）
适量巴萨米可珍珠醋（228 页）
5 克莳萝、现磨胡椒碎
2 大匙酸奶油
罗勒油（243 页，1/2 分量）

做法

番茄、圣女果均切片、樱桃萝卜切薄片、两种甜菜根均去皮切薄片，红洋葱切圈。

卡普里沙拉千层酥

4人份 80分钟 122页

60 克黄油
2 片薄派皮
2 大匙白酒醋
6 大匙橄榄油
1 小匙糖
1 小匙芥末酱
适量盐、胡椒粉
500 克各种颜色的圣女果（红色、黄色、橙色）

摆盘材料
2 个布拉塔芝士球
适量巴萨米可珍珠醋（228 页）、现磨胡椒碎
1/2 把罗勒
1 把绿叶生菜

做法

1 烤箱开上下火预热至 190℃。黄油放入锅中用小火加热熔化。薄派皮放在铺好烘焙纸的烤盘上，剪成边长 8 厘米的正方片。刷上熔化的黄油，入烤箱烤 2~3 分钟至酥脆并呈金黄色后取出，晾凉备用。
2 醋、橄榄油、糖、芥末酱、盐、胡椒粉搅匀成沙拉酱。
3 圣女果洗净擦干去蒂，在底部剞上十字刀纹，入沸水中烫 10 秒，立即冲凉后去皮，一切为二，放入做法 2 中浸泡 30 分钟（取出后保留酱汁）。

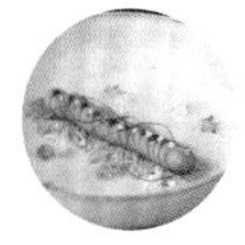

热狗 2.0 版
佐炸洋葱酥

4人份 30分钟 124页

2 大匙珍珠圆子
2 根酸黄瓜（切碎）
1~2 大匙酸黄瓜汁
4 根法兰克福香肠

摆盘材料
适量炸洋葱酥（232 页）、细辣椒丝
3 大匙中辣芥末酱
2 大匙新鲜现磨的辣根
2 大匙番茄酱

做法

1 珍珠圆子放水中煮沸，用中小火煮约 15 分钟，煮至除了中心一小点之外全都变透明，放漏勺上用冷水冲凉。
2 珍珠圆子、酸黄瓜、酸黄瓜汁轻轻拌匀。
3 水煮沸，熄火，放入法兰克福香肠闷约 10 分钟。

扇贝
佐豌豆泥

4人份 25分钟 126页

4 个扇贝肉
适量盐
1 大匙味道清淡的植物油
80 克海芦笋
1/2 小匙柠檬汁

摆盘材料
4 个扇贝贝壳
适量豌豆泥（237 页）、黑色海盐
1 大匙鳟鱼鱼子酱

做法

1 将扇贝肉放在厨房纸巾上吸干，两面抹少许盐。平底锅中加 1 大匙油烧热，放入扇贝肉用中小火把两面都煎两三分钟，煎至扇贝肉表面已经收缩，但内部仍有些透明，出锅。
2 放入海芦笋煎几分钟，取出用柠檬汁调味。

扇贝
佐味噌蛋黄酱

4人份 40分钟 128页

4个扇贝肉
适量盐
1大匙植物油
40克西班牙辣肠

搭配材料
适量味噌蛋黄酱（235页）、豌豆泥（237页）、杜兰小麦面包片（61页）、嫩菜叶（如红酸模嫩叶）、黑色海盐、黑麦面包碎（229页）
焦脆红葱头（233页，1/2分量）
1大匙鳟鱼鱼子酱

做法

1 将扇贝肉放在厨房纸巾上吸干水，两面抹上少许盐。平底锅中加1大匙植物油用中小火烧热，放入扇贝肉，两面各煎2~3分钟，煎至扇贝肉表面已经收缩，但内部仍有些透明，起锅。
2 西班牙辣肠切成2毫米厚的片。另取平底锅不加油烧热，放入西班牙辣肠用中小火干煎一会儿，取出放在厨房纸巾上吸油，晾凉后切长条。

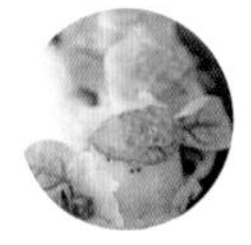

扇贝
配黑色粉末

4人份 70分钟 130页

12个扇贝肉
适量盐
1大匙植物油
30克西班牙辣肠

搭配材料
适量黑色食用色素粉、嫩菜叶（如红酸模）
杜兰小麦面包片（61页，1/2分量）
焦脆红葱头（233页，1/2分量）
豌豆泥（237页，双倍分量）
1大匙鳟鱼鱼子酱

做法

1 扇贝肉沥干，两面抹上少许盐。平底锅中加1大匙植物油烧热，用中小火将扇贝肉两面各煎2~3分钟，煎至扇贝肉表面已经收缩，但内部仍有些透明，起锅。
2 西班牙辣肠切成1厘米见方的丁，放入平底锅中，不加油用中小火煎一下，取出放在厨房纸巾上吸油。

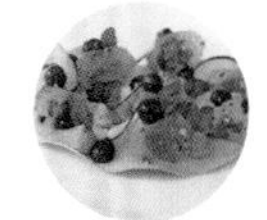

鸡肝慕斯
佐蔓越莓凝胶

4人份 60分钟 4~6小时 132页

165克黄油
2片薄派皮
250克鸡肝
1大匙无水黄油
50毫升波特酒
适量盐、胡椒粉
75克液体奶油

搭配材料
适量蔓越莓凝胶（237页）、开心果焦糖（73页）、嫩菜叶（如紫苏）
1小把糖渍蔓越莓罐头
2个樱桃萝卜（切薄片）

做法

1 烤箱开上下火预热至190℃，40克黄油放锅中烧熔化。薄派皮用直径15厘米的圆形压模压出4个圆片，放在铺好烘焙纸的烤盘中，抹上熔化的黄油，入烤箱中烤2~3分钟呈金黄色，取出晾凉。
2 鸡肝用冷水洗净擦干，锅中加入无水黄油，放入鸡肝高温煎熟，加入波特酒收汁，搅打成泥，加盐、胡椒粉125克黄油调味，晾凉。液体奶油打发，加入鸡肝泥中拌匀，装进裱花袋，放入冰箱冷藏4~6小时。

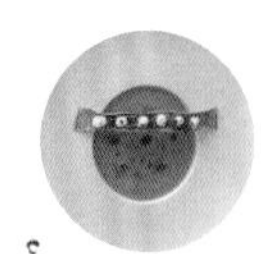

南瓜汤
佐酥皮饼

4人份 45分钟 134页

酥皮饼
50克黄油
1张酥皮

南瓜汤
1大匙黄油
1个北海道南瓜（切大块）
1头洋葱（切丁）
1瓣蒜（切碎）
550毫升蔬菜高汤
400毫升椰奶
300毫升柳橙汁
15克姜（切丁）
适量盐、胡椒粉、糖

搭配材料
100克山羊奶油芝士（拌匀）
4大匙鳟鱼鱼子酱
适量菜苗
细香葱油（244页，1/2分量）

做法

1 烤箱开上下火预热至190℃。黄油放在炖锅中，小火慢慢烧熔。酥皮切成约15厘米×2厘米的长片，散放于铺好烘焙纸的烤盘上，抹上黄油，入烤箱烤2~3分钟至酥脆并呈金黄色，取出晾凉，切长条。

2 取大锅，放入黄油用小火烧熔，放入南瓜、洋葱、蒜翻炒，倒入高汤、椰奶、柳橙汁、姜、少许盐，煮沸后，加盖焖煮约20分钟，搅打成泥，加盐、胡椒粉、糖调味。

南瓜汤

佐哈罗米芝士

4人份 45分钟 136页

1大匙黄油
1个北海道南瓜（切大块）
适量盐、糖、胡椒粉
1头洋葱（切丁）
1瓣蒜（切碎）
500毫升蔬菜高汤
400毫升椰奶
300毫升柳橙汁
15克姜（切丁）
200克哈罗米芝士（切块）
2大匙植物油

搭配材料

适量煎面包丁（228页）、细辣椒丝
2大匙细香葱（切葱花）

做法

1 取大锅放入黄油用小火烧熔，放入南瓜、洋葱、蒜翻炒，倒入高汤、椰奶、柳橙汁、姜、少许盐，煮沸后，加盖焖煮约20分钟，搅打成泥，加盐、胡椒粉、糖调味。

2 平底锅加植物油，放哈罗米芝士大火煎至酥脆，每一面都煎至金黄色，取出放在厨房纸巾上吸油，保温备用。

章鱼沙拉

地中海风味

4人份 90分钟 138页

1只化冻的章鱼
4大匙红酒醋
2瓣蒜（一切为二）
1根胡萝卜（切块）
3小枝百里香
1片月桂叶
适量盐
300克小的蜡质土豆
250克圣女果
1大匙橄榄油
适量盐、胡椒碎
100克西班牙辣肠

摆盘材料

4个洗干净的鱼罐头盒
24颗黑橄榄（去核）
12颗刺山柑果实
适量西班牙辣肠蛋黄酱（234页）、菜苗

做法

1 章鱼治净，用手指将嘴等杂物挤出丢掉。

2 取大锅加水煮沸，熄火，等水温降至100℃以下时，放入醋、蒜、胡萝卜、百里香、月桂叶、胡椒、1小匙盐。将章鱼夹到锅上方，只把章鱼须伸进水里，章鱼须开始卷曲时，立即离开水，重复两次，直到章鱼须完全卷曲。再把章鱼都放入水中，煮约1小时（视章鱼大小增减时间），直到最粗的章鱼须能轻易切开。取出章鱼后稍微晾凉，将章鱼须切大块。

3 煮章鱼时，将土豆入盐水中煮约10分钟，取出后不去皮，直接一切为二。

4 烤箱开上下火预热至180℃，将圣女果（不去蒂）放入烤盘，淋上油，撒盐、胡椒碎，入烤箱烤约25分钟，取出稍微晾凉。

5 西班牙辣肠切成1~2厘米厚的片，平底锅中不加油，放入西班牙辣肠用中小火煎约5分钟，放入章鱼须、土豆翻炒，加盐、胡椒碎调味。

火鸡胸肉紫甘蓝沙拉
佐柳橙片

4人份 100分钟 140页

1 个甜菜根
2 小匙橄榄油
适量盐、胡椒碎
1 小枝百里香
1 小枝迷迭香
2 片火鸡鸡胸肉
2 大匙核桃油
1 小匙柠檬汁

搭配材料
1 棵紫甘蓝
1 头红洋葱（切片）
2 个柳橙（切厚片）
1 把嫩菠菜
适量菜苗

做法

1 烤箱开上下火预热至 190℃。甜菜根放在铺好烘焙纸的烤盘上，淋 1 小匙橄榄油，撒盐、胡椒碎，入烤箱烤约 1 小时，至甜菜根变软（视甜菜根大小调整时间）。取出晾凉，去皮切薄片。

2 烤箱温度调高至 200℃。百里香、迷迭香洗净沥干剁碎，和剩余的橄榄油、盐、胡椒碎混成香草油。鸡胸肉洗净擦干，并抹上香草油，放在铺好烘焙纸的烤盘上，入烤箱中烤 20~25 分钟，取出晾凉，切成薄片。

3 以上食材放入沙拉碗中，浇上混匀的核桃油、柠檬汁，加盐、胡椒碎调味。

金枪鱼酱小牛肉
佐芦笋

4人份 3小时 142页

900 克小牛肉（后腿股肉）
4 大匙橄榄油
4 小枝百里香
1 个蛋黄
1 小匙芥末酱
150 毫升菜籽油
1 罐金枪鱼罐头（沥干）
8 颗刺山柑花蕾
适量盐、胡椒粉
1 小把迷你芦笋
1 大匙植物油

搭配材料
40 克新鲜三文鱼（可生食的，切大块）
12 颗刺山柑果实
适量菜苗

做法

1 将肉、2 大匙橄榄油、百里香放入真空袋中包好，再放入 62℃的热水中浸煮 2.5 小时，直到肉的中心温度也达到 62℃为止。取出晾凉，拿出牛肉，切成薄片。

2 蛋黄、芥末酱放在瘦高的搅拌杯中，一边加入菜籽油一边用手持搅拌器搅打。如太干，可加入 1 大匙水搅打，打匀后放入沥干的金枪鱼、刺山柑花蕾，继续搅打成泥，加盐、胡椒粉调味即成金枪鱼酱。

3 平底锅加植物油烧热，放入芦笋煎几分钟至变软且颜色鲜亮，撒少许盐。

主 菜

香嫩鸭胸肉
佐根芹泥

4人份 2小时 146页

酱料
1 大匙味道清淡的植物油
1 根胡萝卜（切大块）
40 克红葱头（切丁）
1 瓣蒜（切碎）
1 小枝百里香
100 毫升干红
70 毫升波特酒
适量五香粉、盐、胡椒粉
700 毫升小牛高汤

土豆
4 个大个蜡质土豆
50 克黄油
350 克鸡高汤

鸭胸肉
2 片鸭胸肉
适量盐、黄油

蔬菜
50 克黄油
150 克蟹味菇
1 根胡萝卜（切长条）
1 棵小白菜

搭配材料
适量根芹泥（239 页）、孜然泡沫（244 页）

做法

1 制作酱料。油烧热，放入胡萝卜、红葱头、蒜炒到微焦，加入百里香、干红、波特酒煮至浓稠，加入少许五香粉、小牛高汤熬至剩 1/4 的量，期间不时撇去浮沫。熬好后过滤，取汤汁倒回锅中，加盐、胡椒粉、五香粉调味。如太稀，可用 1 小匙土豆淀粉加 2 大匙水搅匀勾芡，一边搅拌一边煮沸，保温备用。
2 烤箱开上下火预热至 180℃，土豆两边圆边切去，用直径 2 厘米的圆柱形压模压出 3 条土豆条，共压出 12 条。平底锅中加入 25 克黄油，烧热后放入土豆条煎成金黄色，倒入鸡高汤煮沸，再连锅放入烤箱烤约 20 分钟，端出来，把土豆条取出，放在烤箱中保温（烤箱开低温）。
3 鸭肉洗净沥干，在皮上剞花刀，两面抹上少许盐。平底锅加少许黄油烧热，鸭肉带皮的一面朝下放入平底锅中，用中小火慢慢煎至鸭皮呈金黄色，翻面煎。连锅放入 180℃的烤箱中烤约 12 分钟，直到鸭肉的中心温度达到 62℃（表面熟，但肉仍带粉红色）。取出鸭肉，用铝箔纸稍微盖住，静置 8 分钟。上桌前切成 4 厘米见方的块。
4 黄油放在锅中用中小火烧熔，放入蟹味菇、胡萝卜翻炒，快出锅时放入小白菜略翻炒，盛出放在厨房纸巾上沥油。

鳕鱼
佐金汤力泡沫

4人份 80分钟 148页

酱料
1 小匙橄榄油
1 头红洋葱（切碎）
2 瓣蒜（切末）
1 个红色甜椒（切丁）
1 个黄色甜椒（切丁）
800 克番茄罐头（连汁，切块）
2 大匙番茄酱
1 小匙柠檬汁
14 个圣女果（一切为二）
适量盐、胡椒碎、糖

鳕鱼
1 大匙味道清淡的植物油
1 大匙黄油
4 片带皮鳕鱼片
适量盐

搭配材料
适量欧芹油（244 页）、炸土豆丝（230 页）、金汤力泡沫（244 页）
4 根豌豆苗

做法

1 制作酱料。平底锅中加入橄榄油烧热，放入洋葱、蒜、2 种甜椒，翻炒 5~6 分钟，加入番茄、番茄酱、柠檬汁、圣女果，一起煮约 10 分钟，加盐、胡椒碎、糖调味。
2 烤箱开上下火预热至 180℃。鳕鱼片两面抹盐。平底锅加黄油烧热，鳕鱼片皮朝下放入锅中煎至鱼皮酥脆且呈金黄色，翻面再煎一会儿，连锅入烤箱烤 4~5 分钟。

意大利面
佐腰果酱

4人份 250分钟 150页

250 克腰果仁
1 瓣蒜（剁碎）
2 小匙玉米淀粉
400 毫升蔬菜高汤
适量盐、胡椒粉
300 克意大利细面
300 克圣女果（一切为二）
2 大匙橄榄油
150 克嫩菠菜

搭配材料
100 克帕玛森芝士（切薄片）
40 克松子仁（炒香）
适量现磨胡椒碎（可不要）

做法

1 腰果仁泡水 4 小时至软化，捞出沥干，和蒜、玉米淀粉、蔬菜高汤搅打成平滑的酱汁，加盐、胡椒粉调味。
2 意大利细面放入沸盐水中煮到刚熟，捞出和做法 1 拌匀。
3 锅不加油烧热，放入圣女果用中小火干煎约 2 分钟，加入橄榄油，转小火，加入 4 大匙煮面水、菠菜，加盖焖煮约 1 分钟使菠菜变软，加盐、胡椒粉调味。

柯尼斯堡肉丸
佐甜菜根土豆泥

4人份 80分钟 152页

1 个隔夜小面包（切片）
2 头洋葱（去皮）
1 大匙味道清淡的植物油
500 克肉馅（猪肉牛肉混和）
1 小匙芥末酱
1 个鸡蛋
适量盐、胡椒粉
1 升鸡高汤
1 片月桂叶
5 粒黑胡椒
12 个小粉质土豆（去皮）
1 个甜菜根

酱料
3 大匙黄油
3 大匙德国 405 号面粉
125 克液态奶油
1 大匙柠檬汁
适量肉豆蔻
2 大匙刺山柑花蕾（可不要）

搭配材料
适量甜菜根土豆泥（239 页）
12 颗刺山柑果实（一切为二）
1 大匙培根丁（煎至微焦）
3 小枝欧芹

做法

1 面包放点水浸泡软化。1 头洋葱切碎，锅加油烧热，放入洋葱翻炒出水，炒至半透明。将浸湿的面包挤干，加入肉馅、芥末酱、鸡蛋、盐、胡椒粉、炒好的洋葱拌匀。
2 取大锅加入鸡高汤，1 头完整的洋葱、月桂叶、胡椒粒煮沸，做法 1 的肉馅挤成丸子入锅，低温焖煮约 20 分钟。
3 土豆切成橄榄形，放入沸盐水中煮熟，取出后保温备用。
4 甜菜根去皮，用螺旋刨丝器刨出细螺旋长条，放入沸盐水中煮约 5 分钟，取出后保温备用。
5 制作酱料。锅中加入黄油，小火烧熔，一边搅拌一边加入面粉，然后分次少量加入做法 2 的高汤，煮至浓稠，期间要用锅铲不停搅拌，要铲到底。煮约 5 分钟，用液态奶油、柠檬汁、肉豆蔻、刺山柑花蕾调味，捞入做法 2 的肉丸浸泡几分钟入味。

牛颊肉

佐甘薯泥

4人份　28.5小时　154页

4块牛颊肉
400毫升干红
300毫升波特红酒
2片月桂叶
3粒丁香
2粒杜松子
3大匙味道清淡的植物油
适量盐、胡椒碎
1根胡萝卜（切大块）
1头洋葱（切块）
1大匙番茄酱
1小棵百里香
2瓣蒜（压碎）
1根肉桂
600毫升小牛肉高汤
10克黑巧克力（可不要）
4粒香菜子
100毫升米醋
2小匙糖
2根西芹（切成4厘米长的条）
2小匙青柠汁
1大匙黄芥末子
4个樱桃萝卜（切薄片）
1大匙欧芹（切碎）
1大匙橄榄油

搭配材料

适量甘薯泥（240页）、胡椒粉
4片甘薯脆片（231页）
4片甜菜菜叶

做法

1 将牛颊肉用厨房棉线绑好，这样能让肉受热均匀并保持形状。干红、波特酒、月桂叶、丁香、杜松子混匀，放入牛颊肉冷藏腌制24小时（如腌料不能淹没整块肉，就要翻几次面），腌好后取出沥干。

2 烤箱开上下火预热至180℃。取大的平底深锅，加油烧热，牛颊肉撒少许盐，放入锅中煎至表面金黄后取出。放入胡萝卜、洋葱翻炒一会儿，加入番茄酱、牛颊肉、百里香、蒜、肉桂棒，倒入500毫升腌汁、小牛肉高汤，加盖，连锅入烤箱烤约3小时，直到牛肉软嫩。取出牛颊肉，去除厨房棉线，保温备用。酱汁过筛，取汤汁倒回锅中，大火熬至浓稠，加盐、胡椒碎、巧克力调味。

3 烤牛颊肉时，平底锅不加油烧热，放入香菜子用中小火干炒约30秒钟，加入米醋、糖，不断搅拌直至糖全部溶化，熄火晾凉，放入西芹、青柠汁，冷藏1小时。

4 锅中加水，放入芥末子用小火焖煮2分钟，取出后冷藏1小时，放入樱桃萝卜、欧芹、做法3的食材和20毫升腌制酱汁、橄榄油拌匀，加盐、胡椒碎调味。

意式乳清芝士饺

佐甜菜根汤

4人份　2小时　156页

芝士饺

400克意大利面粉
少许盐、胡椒粉、手粉
2个鸡蛋
100毫升水
250克意式乳清芝士
250克山羊奶油芝士
150克番茄干（油渍，沥干）
60克松子仁（炒香）

甜菜根汤

1升蔬菜高汤
400克新鲜甜菜根（去皮，切丁）
1瓣蒜（压碎）
1根胡萝卜（去皮，切丁）
1根西芹（切片）
适量盐

搭配材料

4大匙法式酸奶油
1把芝麻菜
适量现磨胡椒碎（可不要）

做法

1 意大利面粉、鸡蛋、水、1/4小匙盐和成光滑的面团，用布盖上醒发30分钟。

2 制作饺子馅。将意式乳清芝士、山羊奶油芝士、番茄干、松子仁用手持搅拌器打成平滑的泥，加盐、胡椒粉调味。

3 面团擀成薄面皮，用直径约8厘米的圆形压模压出24张圆皮，每张皮中间放1匙馅料，边缘抹水，再取一张圆皮覆盖上去，并用叉子用力压紧边缘，共做12个饺子，放在铺好烘焙纸并撒上面粉的烤盘上，如不是立即下锅，就先用干净的布盖住保湿。

4 取大锅，放入甜菜根、蒜、胡萝卜、西芹、蔬菜高汤煮沸，转小火焖煮约1小时，直到甜菜根熟透，汤汁过滤后倒回锅中，加盐调味，保温备用。

5 另取大锅加水、盐煮沸，转小火保持微沸，放入饺子煮3~5分钟（饺子熟了会浮到水面）至熟即可。

意式乳清芝士馄饨
佐番茄酱

4人份 2小时 158页

芝士馄饨

400 克意大利面粉
少许手粉
2 个鸡蛋
100 毫升水
适量盐、胡椒粉
250 克意式乳清芝士
250 克山羊奶油芝士
150 克番茄干（油渍，沥干）
60 克松子仁（炒香）
1 个蛋黄（打散）

番茄酱料

1 大匙橄榄油
1 头洋葱（切小丁）
2 瓣蒜（切碎）
2 大匙番茄酱
150 毫升干白
适量盐、胡椒粉、糖
1 小匙干辣椒（可不要）
800 克番茄罐头（切碎）

搭配材料

10 克罗勒
40 克松子仁（炒香）
适量现磨胡椒碎
1 大匙橄榄油

做法

1 意大利面粉、鸡蛋、水、1/4 小匙盐和成光滑的面团，用布盖上醒发 30 分钟。

2 制作馄饨馅。将意式乳清芝士、山羊奶油芝士、番茄干、松子仁用手持搅拌器打成平滑的泥，加盐、胡椒粉调味。

3 面团擀成薄片，切成边长 4 厘米的方片，馅料捏成直径约 1.5 厘米的丸子，放在面皮中间。面皮四边刷蛋黄液，包成馄饨，如不是立即下锅，就先用干净的布盖住保湿。

4 锅中加入橄榄油用中火烧热，放入洋葱、蒜炒至半透明，加入番茄酱，转大火，加入干白收汁，加盐、胡椒粉、糖、干辣椒调味，放入切碎的罐头番茄，用小火焖煮约 1 小时，再次调味即成番茄酱料。

5 另取大锅加水、盐煮沸，转小火保持微沸，放入馄饨煮 2~2.5 分钟（馄饨熟了会浮到水面）至熟即可。

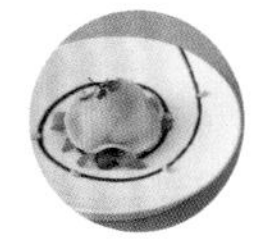

意式乳清芝士饺
佐罗勒泡沫

4人份 90分钟 160页

芝士饺

400 克意大利面粉
少许手粉
2 个鸡蛋
100 毫升水
适量盐、胡椒粉
250 克意式乳清芝士
250 克山羊奶油芝士
150 克番茄干（油渍，沥干）
60 克松子仁（炒香）

番茄酱料

1 大匙橄榄油
1/4 头洋葱（切碎）
1 瓣蒜（切碎）
1 大匙番茄酱
1 小匙干辣椒片
400 切碎的罐头番茄
50 毫升伏特加（可不要）
适量盐、胡椒粉、糖

腌制番茄

2 个番茄
1 大匙橄榄油
1 小匙白酒醋
适量盐、胡椒粉

搭配材料

1 把芝麻菜
适量罗勒泡沫（244 页）、嫩菜叶（如紫苏）
20 克松子仁（炒香）

做法

1 意大利面粉、鸡蛋、水、1/4 小匙盐和成光滑的面团，用布盖上醒发 30 分钟。

2 制作饺子馅。将意式乳清芝士、山羊奶油芝士、番茄干、松子仁用手持搅拌器打成平滑的泥，加盐、胡椒粉调味。

3 面团擀成薄面皮，用直径约 10 厘米的圆形压模压出 8 张圆皮，每张皮中间放 3 匙馅料，边缘抹水，再取一张圆皮覆盖上去，并用叉子用力压紧边缘，共做 12 个饺子，放在铺好烘焙纸并撒上面粉的烤盘上，如不是立即下锅，就先用干净的布盖住保湿。

4 制作番茄酱料。锅中放入橄榄油用中火烧热，放入洋葱、蒜炒至半透明，加入番茄酱、辣椒片、罐头番茄翻炒，淋上伏特加，小火焖煮约 15 分钟，用手持搅拌器打成泥，熬煮至浓稠，加盐、胡椒粉、糖调味。

5 腌制番茄。番茄底部剞上十字刀纹，烫 30 秒，冲凉水后去皮，去子后切丁。油、醋、盐、胡椒粉拌匀，放入番茄丁腌制。另取大锅加水、盐煮沸，转小火保持微沸，放入饺子煮 3~5 分钟（饺子熟了会浮到水面）至熟即可。

甜菜根炖饭

佐菲达芝士

4人份 45分钟 162页

2 头红葱头（切小丁）
1 大匙橄榄油
250 克意大利调味饭用米
150 毫升干白
350 毫升蔬菜高汤
350 毫升甜菜根汁
1 大匙黄油
40 克帕玛森芝士（切薄片）
适量盐、胡椒粉
150 克蚕豆（冷冻）

搭配材料

1 个甜菜根（煮熟去皮切丁）
适量炸红葱头圈（230 页）、嫩菜叶
60 克榛子仁（炒香，去皮，粗切碎）
200 克菲达芝士（掰成小块）

做法

1 锅加入橄榄油，放红葱头用中火煎至半透明，加入米翻炒一下，再倒入干白用小火煮。蔬菜高汤、甜菜根汁加热，慢慢倒入米锅煮，期间不断搅拌，直到米饭变软，但仍有嚼劲，加入黄油、帕玛森芝士，再加盐、胡椒粉调味。

2 蚕豆放入沸盐水中焯水约 3 分钟，捞出后保温备用。

薯饼三文鱼堡

佐球茎甘蓝

4人份 90分钟 164页

2 棵球茎甘蓝
75 毫升白酒醋
5 小匙盐
2 小匙糖
100 克法式酸奶油
适量盐、胡椒粉
600 克大个土豆
1 个鸡蛋
约 3 大匙面粉
适量肉豆蔻、盐、胡椒粉
2 大匙味道清淡的植物油
500 克三文鱼（去皮）

沙拉

2 大匙橄榄油
1 小匙柠檬汁
适量盐、胡椒碎
1 把沙拉菜叶

搭配材料

适量甜椒粉、姜黄粉、嫩菜叶

做法

1 球茎甘蓝去皮，用螺旋刨丝器刨成长条。锅中加入白酒醋、225 毫升水、盐、糖加热至糖溶化，加入球茎甘蓝冷藏腌制 1 小时。取出后加法式酸奶油、盐、胡椒粉调味。

2 土豆去皮，用螺旋刨丝器刨成长条，和鸡蛋、面粉、肉豆蔻、盐、胡椒粉混匀。平底锅加油烧热，放入土豆丝饼（直径约 9 厘米）煎至金黄酥脆，放在厨房纸巾上吸油，撒少许盐。

3 三文鱼洗净沥干，两面抹上少许盐。平底锅加油烧热，放入三文鱼煎至熟且两面金黄酥脆。

4 将橄榄油、柠檬汁、盐、胡椒碎拌匀成沙拉汁，淋在沙拉叶上。

菲力牛排
佐香草藜麦

4人份 60分钟 166页

600克菲力牛排
200克藜麦
1根香草荚
400毫升蔬菜高汤
适量盐、胡椒粉
4大匙无水黄油

搭配材料

适量甘薯泥（240页）、甜菜根凝胶（238页）、菜苗、黑色海盐

做法

1 提前1小时将牛肉从冰箱取出，放室温下回温。

2 藜麦用热水洗。香草荚纵向剖开，刮出香草子。锅中加入藜麦、高汤、香草荚、香草子，加盖焖煮约10分钟，熄火后闷约15分钟至藜麦吸水涨大，取出香草荚，加盐、胡椒粉调味。

3 烤箱开上下火预热至120℃。牛肉用冷水冲洗，用厨房纸巾擦干，去皮去筋，用厨房棉线绑好，这样能使牛肉受热均匀切保持形状。牛肉表面抹上盐。无水黄油放入炖锅，放入牛排大火煎至金黄色。连锅放入烤箱烤约35分钟（视牛肉大小调整时间）至达到所需的熟度（中心温度55~59℃为五成熟）。牛肉取出后用铝箔纸稍微盖住，静置几分钟，摆盘前切4块。

菲力牛排
佐吐司卷

4人份 90分钟 168页

4块菲力牛排（约150克）
1个甘薯（去皮，切丁）
300毫升蔬菜高汤
4大匙无水黄油
适量盐、胡椒碎
2大匙橄榄油
1小匙柠檬汁
50克综合沙拉菜叶

摆盘材料

适量甘薯泥（240页）、菠菜凝胶（240页）、甜菜根凝胶（238页）、炸蒜片（231页）、粗粒海盐、菜苗
4个吐司卷（60页）

做法

1 提前1小时将牛肉从冰箱取出，放室温下回温。

2 锅中放入甘薯丁、蔬菜高汤煮约10分钟，煮至甘薯熟而未软烂，捞出沥水，保温备用。

3 牛肉用冷水冲洗，用厨房纸巾擦干，去皮去筋，用厨房棉线绑好，这样能使牛肉受热均匀切保持形状。

4 烤箱开上下火预热至90℃。平底锅加入无水黄油烧热，放入牛排，两面各煎约1分钟，继续煎至所需熟度，期间要翻面（继续煎2分钟，牛排仍是血红的，此时为三分熟，中心温度为52~55℃；继续煎3分钟是半熟，即五分熟，中心温度为55~59℃；继续煎4~6分钟为全熟，中心温度为60~62℃）。煎好的牛排加盐、胡椒碎调味，入烤箱中静置8~10分钟（关上烤箱门但不通电）。上桌时将每块牛排切成3片。

5 将橄榄油、柠檬汁、盐、胡椒碎搅拌成沙拉汁，淋在沙拉叶上。

菲力牛排
杰克逊·波洛克风格

4人份　90 分钟　170页

1 瓣蒜（切小丁）
800 克菲力牛排
80 克混合香草（如欧芹、迷迭香、百里香，粗切碎）
白胡椒粉（磨粗碎）
适量盐、味道清淡的植物油
4 大匙无水黄油
1/2 头洋葱（切小丁）
1 瓣蒜（切碎）
500 克嫩菠菜

搭配材料

适量甜菜根泥（239 页）、焦脆红葱头（233 页）、白色珊瑚脆片（62 页）
甘薯泥（240 页，1/2 分量）

做法

1 提前 1 小时将牛肉从冰箱取出，放室温下回温。
2 混合香草加入白胡椒碎、3 大匙植物油混合均匀。
3 烤箱预热至 120℃。牛肉用冷水冲洗，用厨房纸巾擦干，去皮去筋，用厨房棉线绑好，这样能使牛肉受热均匀切保持形状。牛肉表面抹上盐。炖锅中放入无水黄油，大火烧热后放入牛排煎至四面金黄，连锅入烤箱中烤约 35 分钟（视肉大小调整时间）至牛肉达到所需熟度（五分熟，中心温度 55~59℃）。
4 锅加油烧热，放入洋葱、蒜用中火翻炒至洋葱变得半透明，加入菠菜炒到菠菜变软。
5 牛排取出，在表面抹上混合香草油，再用铝箔纸覆盖好，静置几分钟，摆盘前切 4 块。

欧鲽鱼卷
佐藏红花蛋黄酱

4人份　2 分钟　172页

200 克寿司米
400 毫升鱼高汤
40 克墨鱼汁
1 个芒果（切丁）
4 头红葱头（切小丁）
4 小匙辣椒油
适量盐、胡椒粉、干辣椒片
2 大匙葱（切葱花）
3 大匙香菜（切碎）
3 大匙欧芹（切碎）
1/2 小匙薄荷（切碎）
2 片欧鲽鱼（去皮）
2 片大白菜叶

摆盘材料

适量藏红花蛋黄酱（236 页）、烤番茄皮（64 页）、菜苗
黑色珊瑚脆片（62 页，1/2 分量）
1 大匙黑白芝麻混合（炒香）

做法

1 米用冷水冲洗至水变得清澈。洗好的米、鱼高汤、墨鱼汁放入锅中煮沸，转小火煮约 20 分钟，直到米粒收汁变黑变熟，保温备用。
2 芒果（留 1 大匙芒果肉作为装饰）、红葱头、辣椒油、干辣椒片、葱、香菜、欧芹、薄荷混合，加盐、胡椒粉调味成芒果沙拉。
3 欧鲽鱼纵向一切为二，铺上芒果沙拉卷成卷。
4 蒸笼先铺上大白菜，再放上欧鲽鱼卷，用大火蒸 3 分钟至熟，蒸的时候锅内的水不可接触到鱼肉，全程大火足汽。

甜点

芝士蛋糕慕斯

佐糖渍覆盆子

4人份　2小时　2小时　176页

糖煮覆盆子

60 克糖
50 毫升柳橙汁
250 毫升覆盆子汁
1 小匙玉米淀粉
20 毫升覆盆子白兰地（或用覆盆子汁代替）
200 克新鲜覆盆子（一切为二）

芝士蛋糕慕斯

250 克奶油芝士
90 克细糖粉
1/2 小匙香草精
250 克液体奶油

搭配材料

150 克熔化黑巧克力（50%）
4 个巧克力小碗（76 页）
适量巧克力海绵（77 页）、巧克力碎（247 页）、嫩菜叶
1 把蓝莓
1 把灯笼果
12 颗拔丝榛子（73 页）
4 球芒果冰淇淋

做法

1 制作糖渍覆盆子。锅中放入糖，开中小火烧至金黄色，全程不搅拌，熔化后一边搅拌一边加入柳橙汁、覆盆子汁煮 3 分钟，玉米淀粉用覆盆子白兰地化开，倒入锅中搅拌煮沸，熄火，拌入覆盆子，静置晾凉。

2 制作芝士蛋糕慕斯。奶油芝士、细糖粉、香草精用手持搅拌器搅拌 2 分钟至平滑，加入液体奶油继续打发至硬性发泡。装进裱花袋中，放入冰箱冷藏 2 小时。

芝士蛋糕慕斯

放玻璃杯中

4人份　1小时　2小时　178页

5 张吉利丁片
150 克白巧克力（切块）
250 克液体奶油
200 克奶油芝士
500 毫升百香果汁
50 克糖

搭配材料

适量巧克力碎（247 页）
意式蛋白霜（72 页，1/2 分量）
4 颗拔丝榛子（73 页）

做法

1 把吉利丁片在冷水中泡约 10 分钟至变软。锅中加入白巧克力、200 克液体奶油一边搅拌一边加热至巧克力熔化，继续搅拌至浓稠。2 张吉利丁捞出稍微挤干，放入巧克力奶油中搅拌至溶解，静置晾凉。

2 剩余的液体奶油、奶油芝士搅拌均匀，加入做法 1 搅拌成平滑的巧克力奶油酱，装进裱花袋备用。

3 锅中加入百香果汁、糖，不加盖，用中小火熬至剩一半的量。3 张吉利丁捞出稍微挤干，放入果汁中溶解，过滤后晾凉。

芝士蛋糕
佐意式蛋白霜

4人份 2 分钟 4小时 180页

150 克奥利奥饼干
50 克黄油
6 张吉利丁片
100 克白巧克力（切块）
240 克液体奶油
200 克奶油芝士
250 毫升百香果汁
25 克糖
1/4 小匙玉米淀粉
100 毫升芒果汁
1/2 个芒果（切小丁）

搭配材料
适量意式蛋白霜（72 页）、巧克力碎（247 页）、
12 颗拔丝榛子（73 页）
4 颗新鲜覆盆子（一切为二）
1 小枝薄荷
4 球椰子冰淇淋
喷火枪

做法

1 奥利奥饼干的夹馅去掉，放入果汁中搅打成碎屑。黄油熔化成液态，加入饼干屑中搅拌，再均匀铺在蛋糕模底部，压紧冷藏至少 1 小时。

2 吉利丁片在冷水中泡约 10 分钟至变软。锅中放入巧克力、100 克液体奶油一边搅拌一边加热至巧克力熔化，继续搅拌至浓稠。4 张吉利丁片捞出稍微挤干，放入巧克力奶油中溶解，静置晾凉。

3 奶油芝士、剩余的液体奶油搅拌均匀，过筛后搅拌成平滑的巧克力奶油酱，倒在模具的饼干底上，冷藏至凝固。

4 锅中加入百香果汁、糖，不加盖，用中小火熬煮至剩下一半的量。2 张吉利丁片捞出稍微挤干，放入百香果汁中溶解，晾至室温，过筛后倒在做法 3 上，冷藏至凝固，取出切成 4 块。

5 玉米淀粉用 1 大匙芒果汁搅拌匀，剩余的芒果汁加热，一边搅拌一边倒入玉米淀粉芒果汁勾芡，煮沸后熄火晾凉，加入芒果丁。

意式奶冻
佐草莓凝胶

4人份 2 分钟 3小时 182页

意式奶冻
4 张吉利丁片
500 克液体奶油
100 毫升全脂鲜奶
50 克糖
1 根香草荚

草莓凝胶
450 克草莓
70 克糖
20 毫升水

开心果甘纳许
50 克液体奶油
3 大匙开心果仁（磨碎）
100 克白巧克力（切碎）
8 个开心果马卡龙（250 页）

搭配材料
适量开心果酥粒（246 页）、草莓鱼子酱（71 页）
巧克力环（80 页，1/2 分量）
4 颗草莓（洗净）
12 个蛋白霜溶豆（70 页）
4 片可可香橙饼（249 页）

做法

1 吉利丁片泡在冷水中约 10 分钟至软化。锅中放入液体奶油、牛奶、糖，用中小火加热搅拌（注意不要煮沸）至糖全部溶化。吉利丁捞出稍微挤干，放入奶油牛奶锅中搅拌至溶化，过筛即成意式奶冻。香草荚纵向切开，刮出香草子，加入意式奶冻中。将意式奶冻倒进 4 个玻璃杯中，放入冰箱冷藏约 2 小时。

2 草莓洗净切小丁，和糖、水放锅中，用中小火煮沸，转小火继续煮约 5 分钟，期间不时搅拌，煮好用手持搅拌器打成平滑的泥。

3 将液体奶油、开心果放在不锈钢盆中隔水加热，取出盆一边搅拌一边加入白巧克力至熔化且平滑，冷藏至变硬，装进裱花袋中，作为马卡龙的夹馅填充好。

柠檬挞
佐蛋白霜

4人份 60分钟 2.5小时 184页

250 克德国 405 号面粉
少许手粉
75 克糖
3 个鸡蛋
125 克黄油（切成小丁）
适量盲烤时用的干豆
2 个有机柠檬
1 个蛋黄
300 克炼乳（脂肪含量 9%）

搭配材料

适量意式蛋白霜（72 页）、可食用花瓣
1/2 颗葡萄柚（切小块）
4 片巧克力编织片（78 页）
1 枝薄荷
喷火枪

做法

1 面粉、糖、1 个鸡蛋、黄油和成光滑的面团，用保鲜膜包好，冷藏约 30 分钟。

2 烤箱开上下火预热至 175℃。将面团放在撒有手粉的工作台上，擀成 3~5 毫米厚的片，用直径约 11 厘米的圆形压模压出 4 个圆片，放入 4 个抹好油的直径 9 厘米的挞模中。边缘可稍微高些，高出模具的部分切除，底部用叉子扎几个洞，再铺上一张烘焙纸，撒进干豆压住，入烤箱中烤约 10 分钟，取出晾凉，拿出烘焙纸和干豆。

3 刮出黄色的柠檬皮屑，白色部分不要，余下部分挤出柠檬汁。剩余的 2 个鸡蛋、蛋黄，炼乳、柠檬汁、柠檬皮屑用手持搅拌器打发，倒进烤好的挞皮里，入烤箱再烤 15~20 分钟，取出晾凉，冷藏至少 2 小时。

滴落巧克力蛋糕

4人份 2小时 3小时 186页

巧克力蛋糕

120 克调温黑巧克力（50%，切小块）
120 克软化黄油
40 克细糖粉
6 个蛋黄
120 克德国 405 号面粉（过筛）
6 个蛋清
160 克糖
150 克杏子果酱

糖衣

450 克糖
180 毫升水
375 克调温黑巧克力（50%，切小块）

搭配材料

适量巧克力奶油酱（247 页）、粗海盐
焦糖爆米花（246 页，1/2 分量）
4 球覆盆子冰淇淋

做法

1 烤箱开上下火预热至 180℃。调温巧克力切块，放盆中坐热水中至熔化为液体，稍微晾凉，加入黄油、细糖粉搅拌至发泡，加入蛋黄搅拌均匀，加入面粉搅拌成面糊。蛋清、糖打发，轻轻拌入面糊中。取直径 26 厘米的蛋糕模，底部铺好烘焙纸，倒入面糊，表面刮平，入烤箱中烤约 55 分，取出晾凉。

2 果酱加热后过筛。蛋糕用小刀划一圈脱模，横向切成上下两片，用直径 8 厘米的圆形压模压出共 8 个圆片。取 4 片涂上一半杏子果酱，盖上另外 4 片，上面再涂上杏子果酱。

3 锅中加入糖、水煮沸，加入巧克力加热至 110℃。用刷子不断刮锅壁，防止结晶，熄火，过筛后不断搅拌晾凉至平滑，温度降到 40℃左右。

4 做法 2 的蛋糕放在散热架上，淋上做法 3 的巧克力酱，用刮板刮匀，修整边缘，静置晾凉。

巧克力蛋糕
佐焦糖酱

4人份 2小时 188页

4个巧克力蛋糕（见224页滴落巧克力蛋糕）

摆盘材料

适量海盐焦糖酱（248页）、巧克力碎（247页）
4球覆盆子冰淇淋
焦糖爆米花（246页，1/2分量）

巧克力蛋糕
佐焦糖爆米花

4人份 2.5小时 190页

4个巧克力蛋糕（见224页滴落巧克力蛋糕）

摆盘材料

适量100克黑巧克力（50%，熔化）、巧克力酥（247页）
4球覆盆子冰淇淋
焦糖爆米花（246页，1/2分量）
1小把开心果仁

巧克力慕斯
佐灯笼果

4人份 2小时 3小时 192页

慕斯

200克黑巧克力（50%，切碎）
100克牛奶巧克力（切碎）
100克黄油
1小匙可可粉
4个鸡蛋
1小撮盐
200克液体奶油
1.5大匙糖

法甜

5个鸡蛋
1小撮盐
适量香草糖
100克糖
100克德国405号面粉
25克可可粉
1/4小匙泡打粉
200克柳橙果酱
300克调温黑巧克力（50%）

搭配材料

150克液态奶油（打发）
蜂巢糖（71页，1/2分量）
8颗灯笼果（一切为二）
1小枝薄荷
适量柳橙糖浆（248页）

做法

1 黄油、可可粉隔水用小火一边搅拌一边加热至熔化，稍微晾凉。

2 制作慕斯。蛋清、蛋黄分开，蛋清加一点盐打发至硬性发泡，加入液态奶油搅拌。蛋黄加糖搅拌几分钟至变成奶油状，加入做法1拌匀。两者混合均匀，装入裱花袋，冷藏约3小时。

3 制作法甜。烤箱开上下火预热至180℃。蛋清、蛋黄分开，蛋清一边搅打一边加入盐、香草糖、糖，打发至中性发泡，再依次放入蛋黄搅打。面粉、可可粉、泡打粉混合过筛，倒入蛋白糖霜中轻轻拌匀，倒在铺好烘焙纸的烤盘（33厘米×29厘米）上抹平，入烤箱烤约12分。取出倒扣在散热架上，撕下烘焙纸，静置晾凉。

4 将蛋糕横向切成上中下3片，每片都抹上柳橙果酱，叠在一起，切成边长4厘米的方块。将调温黑巧克力隔水加热熔化，淋在小块蛋糕上裹匀，静置晾凉。

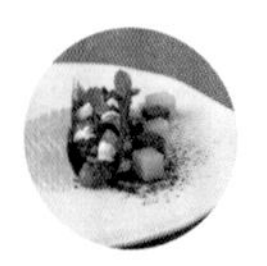

巧克力梳子筒
佐黑灯笼果甘纳许

4人份 2小时 2小时 194页

3个鸡蛋
1小撮盐
90克糖
适量香草糖
30克德国405号面粉
30克玉米淀粉
30克可可粉

搭配材料

1大匙可可粉
适量黑灯笼果甘纳许（247页）、芒果凝胶（248页）
4个巧克力梳子筒（81页）
100克液体奶油（打发）
1小枝薄荷
1/2个芒果（切丁）

做法

1 烤箱开上下火预热至160℃。取直径16厘米的蛋糕模具，铺好烘焙纸。蛋清、蛋黄分开，蛋清加一点盐一边搅拌一边加入香草糖、糖打发至干性发泡，再轻轻加入蛋黄拌匀。

2 面粉、玉米淀粉、可可粉混合过筛，加入做法1中，轻轻搅拌成蓬松细腻的面糊。

3 面糊倒进蛋糕模具中抹平，放入烤箱中烤30~40分钟至熟，取出放散热架上晾凉。

柠檬凝乳马卡龙
佐香草冰淇淋

4人份 2.5小时 2小时 196页

6个蛋黄
100克糖
1小撮盐
1根香草荚
300毫升全脂鲜奶
300克液体奶油

搭配材料

8个马卡龙（原色，250页）
1大匙花粉
1大匙液态蜂蜜
12颗蛋白霜溶豆（70页）
4小块带刺巧克力片（74页）
适量嫩菜叶、柠檬凝乳（248页）、白巧克力碎（247页）、干净气泡纸

做法

1 蛋黄加盐、糖打发至颜色发白。香草荚纵向剖开，刮出香草子。锅中放入鲜奶、液体奶油、香草子、香草荚用中小火一边加热一边慢慢加入蛋黄霜，但不要煮沸，煮到浓稠，熄火，取出香草荚，静置晾凉（想快速晾凉可将锅坐于冷水中并不断搅拌）。

2 做法1倒入冰淇淋机中，制作成冰淇淋。平底大碗铺上气泡纸，将冰淇淋抹在气泡纸上，厚度约1.5厘米，表面抹平，冷冻约2小时。

3 上桌前取出冰淇淋，用直径约8厘米的圆形压模压出4个厚圆片。如冰淇淋太硬，可将压模放在热锅上加热再压。

柠檬凝乳马卡龙
佐柠檬慕斯

4人份 2小时 2小时 198页

柠檬慕斯
1个有机柠檬
3个鸡蛋
适量香草糖
100克糖
250克马斯卡彭芝士
1小撮盐

糖渍灯笼果
1小把带茎灯笼果
1个蛋清（打散）
1大匙糖

搭配材料
100克熔化黑巧克力（50%）
1大匙可可粉
4个空心巧克力球（79页）
8个马卡龙（原色，250页）
适量菜苗、柠檬凝乳（248页）、灯笼果凝胶（248页）
4根长巧克力环（80页）
蛋白霜片（掰碎，246页，1/2分量）

做法

1 制作柠檬慕斯。柠檬洗净擦干，取一半柠檬皮刮出黄色的皮屑。柠檬一切为二，取一半挤汁。蛋黄、蛋清分开，将蛋黄、香草糖、50克糖搅拌约3分钟至平滑，加入马斯卡彭芝士、柠檬皮屑、2大匙柠檬汁拌匀。蛋清一边搅拌一边加入剩余的糖、盐打发至干性发泡。两者轻轻混合，装进裱花袋中，冷藏约2小时。

2 灯笼果洗净沥干，在蛋清中沾匀，再滚上糖，冷藏备用。

柠檬凝乳马卡龙
佐芒果凝胶

4人份 90分钟 3小时 200页

摆盘材料
柠檬凝乳（247页）
12个马卡龙（原色，250页）
白巧克力碎（247页）
覆盆子凝胶（248页）
4颗覆盆子（冷冻1小时，掰成小块）
芒果凝胶（248页）
1小枝薄荷

红果酱
佐芝士丸子

4人份 30分钟 30分钟 202页

红果冻
400克新鲜浆果（黑莓、蓝莓、覆盆子、灯笼果）
500毫升樱桃汁
1根香草荚
2大匙液态蜂蜜
25克玉米淀粉

帕帕纳西
400克夸克芝士
2个鸡蛋
110克杜兰小麦粉
3大匙面包粉
3大匙软化黄油
适量香草糖

焦糖坚果
125克黄油
100克糖
150克榛子仁（磨碎）
25克开心果仁（切碎）
1撮盐

搭配材料
香缇奶油（247页，1/2分量）
2小枝薄荷

做法

1 浆果洗净，个头大的一切为二，留1小把浆果作装饰。锅中加入樱桃汁、切开的香草荚、蜂蜜加热。玉米淀粉用3大匙水拌匀倒入樱桃汁锅中拌匀，煮沸后熄火，淋在浆果上，冷藏。

2 将夸克芝士、鸡蛋、杜兰小麦粉、面包粉、黄油、香草糖和成稍硬的面团，冷藏约30分钟。

3 锅中加入黄油加热至熔化，加入糖、榛子仁、开心果仁、1撮盐，炒至稍微焦糖化。

4 做法2的面团取出，揉成12个同样大小的圆球，入盐水中用中小火煮约7分钟，取出，放入做法3中沾匀。

咸味装饰食材

松脆食材

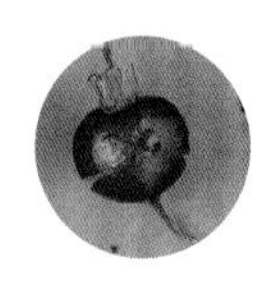

煎樱桃萝卜

10 分钟

1 大匙黄油
8 个樱桃萝卜（太大的可一切为二）

做法

锅中加入黄油烧至起泡，放入樱桃萝卜煎到变软呈金黄色。

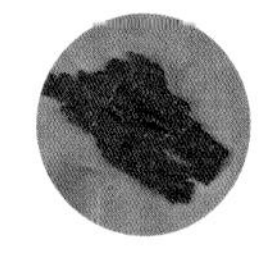

酥脆面包

30 分钟

300 克隔夜面包
2 大匙黄油
适量盐
150 毫升蔬菜高汤

做法

烤箱开上下火预热至 160℃。面包切块。锅中加入黄油烧熔，放入面包煎至金黄，撒点盐，放入蔬菜高汤煮约 5 分钟，搅打成平滑的泥，如果不够浓稠，可再用中小火煮几分钟。将面包泥倒在铺好烘焙纸的烤盘上，抹成薄片，入烤箱烤 5~8 分钟至酥脆且呈金黄色，取出晾凉后掰成小片。

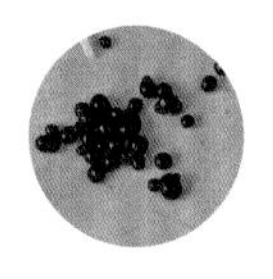

巴萨米可珍珠醋

20 分钟 ❄ 1小时

适量味道清淡的植物油、盐
70 克巴萨米可醋
20 克巴萨米可醋膏
10 克水
3 克琼脂

做法

取瘦高形容器装一半冷水，再加入占剩余空间 1/3 的植物油，冷冻约 1 小时。锅中加入水、醋、醋膏、盐用中小火加热，加入琼脂，煮沸后转小火再煮 2 分钟熄火，稍微晾凉后倒入注射筒中。取出瘦高容器，将溶液打进去，变成一粒粒的“珍珠”，捞出，放在滤网上用冷水轻轻冲洗。

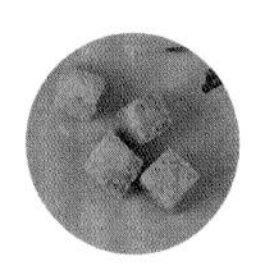

煎面包丁

15 分钟

3 片吐司（去边，切块）
2 大匙味道清淡的植物油

做法

锅加油烧热，放入吐司丁煎至酥脆，翻面再煎，放在厨房纸巾上吸油。

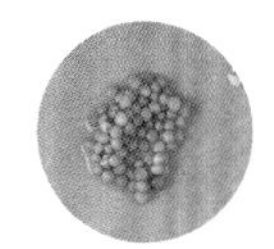

腌芥末子

20 分钟

30 克黄芥末子
100 毫升白酒醋
50 毫升水
30 克糖
1/2 小匙盐

做法

锅中加入芥末子、水（另取）煮沸，过滤后换水再煮，重复 5 次，以去除苦味。另取锅加入所有食材煮沸，捞出晾凉，可立即食用，冷藏过夜后风味更佳。

帕玛火腿片

20 分钟

适量帕玛火腿片

做法

烤箱预热至 180℃，帕玛火腿片放在铺好烘焙纸的烤盘中，入烤箱烤 8~10 分钟至酥脆，取出晾凉。

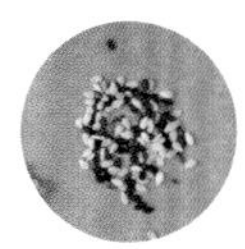

炒芝麻

10 分钟

40 克黑白芝麻

做法

芝麻洗净晾干。平底锅加热，放入芝麻用中小火翻炒，直到能轻易捻成粉末，晾凉。

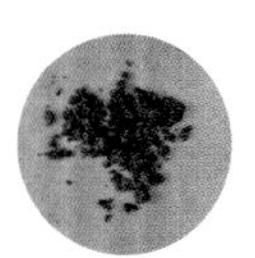

黑麦面包碎

25 分钟

60 克黑麦面包
15 克黄油
适量盐、胡椒粉、肉豆蔻

做法

烤箱开上下火预热至 160℃。面包切碎，和黄油、盐、胡椒粉、肉豆蔻拌匀，散放于铺好烘焙纸的烤盘上，入烤箱烤 20~25 分钟，取出晾凉。

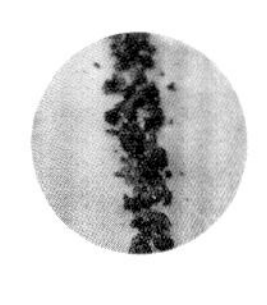

橄榄面包碎

40 分钟

150 克黑麦面包片
150 克卡拉马塔黑橄榄，去核
1 小匙墨鱼汁

做法

烤箱开上下火预热至 160℃，面包放在铺好烘焙纸的烤盘上，入烤箱烤 30 分钟至酥脆。所有食材搅打成泥土状。如果黏成一团，可多加些面包。

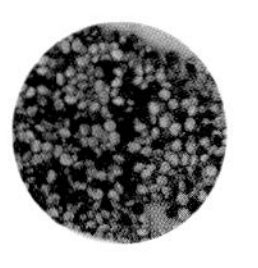

爆藜麦花

90 分钟

50 克藜麦
250 毫升蔬菜高汤

做法

藜麦用热水洗净，放入锅中，加入高汤，加盖，煮沸后转中火煮约 10 分钟，转小火煮 15 分钟，等藜麦吸水涨大，捞出过滤，散放在铺好烘焙纸的烤盘上。烤箱开上下火预热至 90℃，放入烤盘烤约 45 分钟至烤干。平底锅烧至冒烟，放入藜麦干炒至爆花，立即盛出，否则余热会将藜麦烧焦。

脆炸食材

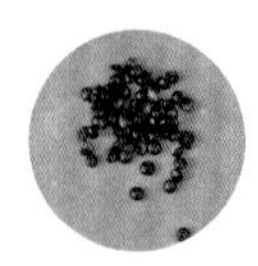

炸白鲸鱼子酱兵豆

15 分钟 + 3小时浸泡

100 克白鲸鱼子酱兵豆
适量味道清淡的植物油

做法

兵豆用温水浸泡约 3 小时，捞出沥水，用厨房纸巾擦干。锅加油烧至 160℃，放入兵豆炸 2~3 分至爆花，捞出放在厨房纸巾上吸油。

炸香草

10 分钟

适量混合香草（如欧芹、罗勒或鼠尾草）、面粉、油炸用植物油

做法

香草叶摘下，洗净擦干，裹上薄薄一层面粉。锅加油烧至 160℃，放入香草炸约 10 秒钟，捞出放在厨房纸巾上吸油。

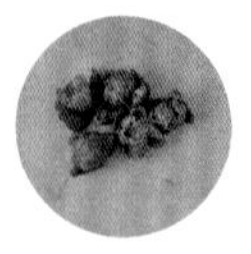

炸刺山柑花蕾

15 分钟

4 大匙干刺山柑花蕾
100 毫升味道清淡的植物油

做法

刺山柑花蕾放在滤网上冲净沥干，用厨房纸巾擦干。锅加油烧至 160℃，放入刺山柑花蕾炸至酥脆，捞出放在厨房纸巾上吸油。

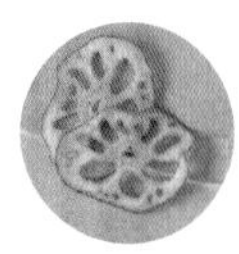

炸藕片

10 分钟

200 克鲜藕
适量盐、味道清淡的植物油

做法

藕切成薄片。锅加油烧至 180℃，放入藕片炸约 1 分钟至酥脆且呈金黄色，捞出放在厨房纸巾上吸油，撒少许盐。

炸土豆丝

20 分钟

1 颗蜡质土豆（也可用甘薯代替）
200 毫升味道清淡的植物油
适量盐

做法

土豆去皮后，刨成细丝。锅加油烧至 180℃，放入土豆丝炸到酥脆并呈金黄色，捞出放在厨房纸巾上吸油，撒少许盐。

炸米粉

10 分钟

适量米粉、味道清淡的植物油

做法

锅加油烧至 180℃，放入米粉炸到发涨，捞出放在厨房纸巾上吸油。

炸红葱头圈

10 分钟

1 大匙面粉
适量法国埃斯普莱特辣椒粉（可用普通辣椒粉代替）、盐、味道清淡的植物油
1 个鸡蛋
3 大匙日式面包粉（可用普通面包粉代替）
4 头红葱头（可用红洋葱代替，切细圈）

做法

面粉和埃斯普莱特辣椒粉与盐拌匀，放在小碟上。蛋打散，日式面包粉放在另一个小碟里。将红葱头圈沾上面粉，放进蛋液中，再裹上面包粉。油加热至 180℃，放进红葱头圈炸至酥脆且呈金黄色，取出放在厨房纸巾上吸油。

炸羽衣甘蓝片

10 分钟

200 毫升味道清淡的植物油
适量盐
100 克羽衣甘蓝

做法

油加热至 160℃，羽衣甘蓝撕成大片，入油锅炸 15 秒至酥脆，取出放厨房纸巾上吸油，撒少许盐。

炸蔬菜片

适量蔬菜（如甜菜根、甘薯、螺旋纹甜菜根、欧防风、土豆、胡萝卜、根芹、洋姜）、盐、味道清淡的植物油

做法

蔬菜削皮切薄片。油加热至 160℃，放进蔬菜片油炸，取出后放在厨房纸巾上吸油，撒少许盐。

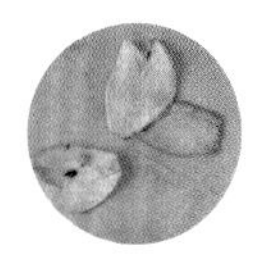

炸蒜片

适量蒜（去皮切薄片）、盐、味道清淡的植物油

做法

油加热至 160℃，蒜片入油锅炸至酥脆微黄，取出放厨房纸巾上吸油，撒少许盐。

烤野米

适量野米[1]、味道清淡的植物油

做法

油加热至 180℃，野米分批放入油炸。一旦爆开立即用漏勺捞出，放在厨房纸巾上沥油。如想要颗粒较小、较紧致的米可先将米煮熟，放进 120℃的烤箱中烤约 2 小时至烤干，然后再油炸。

酥脆三文鱼皮

15 分钟

适量三文鱼皮（去鳞）、海盐、味道清淡的植物油

做法

烤箱开上下火预热至 175℃。鱼皮切小片，放在铺好烘焙纸的烤盘上，入烤箱烤 5 分钟。油加热至 160℃，放入鱼皮炸 30 秒至酥脆，捞出放厨房纸巾上吸油，撒少许盐。

[1] 野米，又称菰米，粒细长，营养价值较高。

韭葱细丝

10 分钟

1 根韭葱
适量味道清淡的植物油

做法

韭葱切细丝。油加热至 160℃，放入韭葱炸 10 秒，取出放在厨房纸巾上吸油。

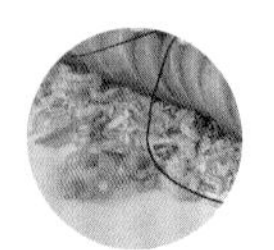

炸洋葱酥

15 分钟

2 头洋葱（切薄片）
200 毫升味道清淡的植物油
1 大匙面粉
适量盐、胡椒粉
1/2 小匙甜椒粉

做法

油在锅中加热至 160℃，面粉、盐、胡椒粉及甜椒粉混匀，放入洋葱片沾匀，分批放入油中炸 2 分钟至金黄色，取出放在厨房纸巾上吸油。

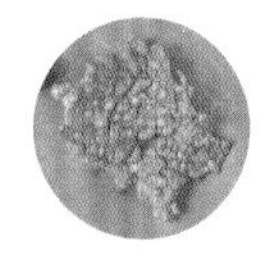

米脆片

40 分钟 + 10小时烤干

250 克意大利调味饭[⊖]用的米
1.1 升水
适量番茄糊或罗勒泥（可不要）、味道清淡的植物油

做法

米与水用中小火煮成稍微软些的米饭，放进果汁机打成泥。可用番茄糊或罗勒泥染色。将米饭泥放在铺好烘焙纸的烤盘上，抹至 1 厘米厚，入烤箱以 50℃烤干后掰成小块，放进 180℃的热油中炸脆，捞出放厨房纸巾上吸油。

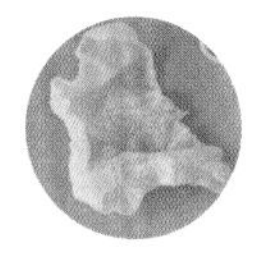

糯米纸片

5 分钟

适量糯米纸、味道清淡的植物油、盐

做法

油加热至 180℃，放入糯米纸炸约 10 秒钟，开始膨胀后立即捞出，放在厨房纸巾上吸油，撒盐，掰成大小合适的块。

酥脆食材

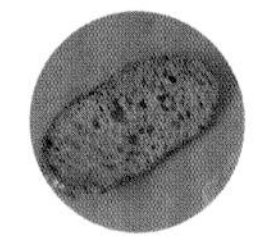

烤面包片

15 分钟

400 克隔夜面包（如意大利拖鞋包、法棍或瑞士辫子面包，切成 1.5 厘米厚的片）

做法

烤箱预热至 160℃，面包片放在铺好烘焙纸的烤盘上，入烤箱烤 10~15 分钟至烤干，但不要烤焦。取出晾凉（若想面包片平整，可在上面盖上烘焙纸，再放上烤盘压着）。

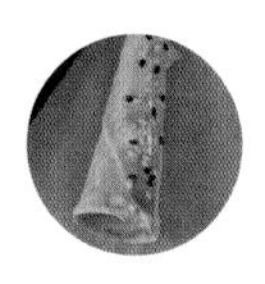

华夫饼脆筒

12份　20 分钟

12 张华夫饼皮
1 个蛋清
1 大匙黑芝麻
1 大匙白芝麻

做法

1. 烤箱加热至 160℃，华夫饼皮一角边缘薄薄涂上一层蛋清。涂上蛋清的角粘在锥形模上卷起，成为锥形筒，收口时也涂上蛋清粘好。
2. 黑白芝麻混合均匀。锥形筒纵向涂上一长条蛋清，粘上芝麻。将锥形筒放在铺好烘焙纸的烤盘，入烤箱烤 4~6 分钟。取出后脱模晾凉。

⊖ 意大利调味饭，是用高汤、黄油、蔬菜等做成的米饭，一般用意大利短粒米。

烘烤食材

焦脆红葱头

25 分钟

4 头红葱头（去皮）
适量盐、橄榄油

做法

烤箱开上下火预热至 180℃。红葱头放在铝箔纸上，撒上盐，淋一点儿橄榄油。铝箔纸对折后再三折，入烤箱烤 10~15 分钟至红葱头熟但未变软。取出红葱头稍微晾凉，一切为二，切口朝下放进油锅中煎，当切口处煎至焦脆时，盛出，一瓣瓣散开，撒少许盐。

烤圣女果

60 分钟

250 克圣女果
1 瓣蒜（压碎）
2 小枝百里香
2 大匙橄榄油
适量盐、胡椒粉
2 小枝迷迭香

做法

烤箱开上下火预热至 120℃。圣女果、蒜、百里香及迷迭香放入锅中，淋上橄榄油，撒上盐、胡椒粉，入烤箱中烤约 50 分钟。

烤鹰嘴豆

50 分钟

230 克鹰嘴豆（煮熟）
1 大匙橄榄油
1 小匙甜椒粉（也可用其他香料代替）
1 小撮盐

做法

烤箱开上下火预热至 175℃。鹰嘴豆用厨房纸巾擦干后与橄榄油混匀，再分散放于铺好烘焙纸的烤盘上，入烤箱烤 45~60 分钟至香脆，期间不时翻面。从烤箱取出后再与盐及甜椒粉混合。

土豆丝饼

20 分钟

1 个土豆
适量味道清淡的植物油、盐

做法

土豆削皮后，用螺旋刨丝器刨成长条。油加热，土豆成团放入油锅煎，用锅铲轻压，煎至两面酥脆微焦。取出后放在厨房纸巾上吸油，撒少许盐。

沙拉酱

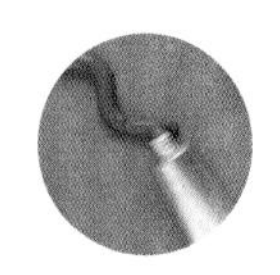

黑蒜蛋黄酱

10 分钟

1 个鸡蛋
4 瓣黑蒜（去皮）
1 小匙柠檬汁
1/2 小匙墨鱼汁（可不要）
200 毫升味道清淡的植物油
适量盐、胡椒粉

做法

取瘦高容器，将鸡蛋、蒜、柠檬汁（此时可加墨鱼汁染色）拌匀，分次加入植物油继续搅拌，用盐及胡椒粉调味，放进冰箱使其入味。如蛋黄酱太过浓稠，可分次加入温水搅拌；如不够浓稠，可再加点植物油搅拌。

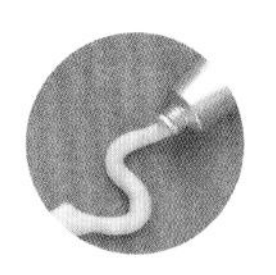

咖喱蛋黄酱

10 分钟

1 个蛋黄
1 小匙芥末酱
120 毫升葵花籽油
1~2 小匙咖喱粉
1/2~1 小匙白酒醋
适量盐、胡椒粉

做法

蛋黄与芥末酱用手持搅拌器打匀后，分次加入葵花籽油，继续搅打成顺滑的蛋黄酱。再拌入咖喱粉。视各人口味用白酒醋、盐及胡椒粉调味。如蛋黄酱过于浓稠，可分次加入温水搅拌，如不够浓稠，可再加点葵花籽油搅拌。

西班牙辣肠蛋黄酱

50 分钟

100 克风干西班牙辣肠
1 小匙白酒醋
300 毫升葵花籽油
1 个蛋黄
适量盐、胡椒粉
1 小匙芥末酱

做法

1 将西班牙辣肠及葵花籽油放进搅拌机打匀，放进锅中用中小火煮约 10 分钟，过筛后静置晾凉。
2 蛋黄与芥末酱放进搅拌杯中用手持搅拌器打匀，然后分次加入做法 1，继续搅打成顺滑的蛋黄酱。可加入白酒醋、盐及胡椒粉调味。如蛋黄酱太过浓稠，可分次加入温水搅拌；如不够浓稠，可再加点葵花籽油搅拌。

芒果蒜泥蛋黄酱

10 分钟

2 大匙芒果泥
1 瓣蒜（去皮）
200 毫升味道清淡的植物油
1 个蛋黄
1 大匙柠檬汁
适量盐、胡椒粉

做法

蒜放进热油中快速油炸，油放凉后捞出蒜。将蛋黄、芒果泥、一点柠檬汁搅打均匀，分次加入蒜油搅打成平滑的蛋黄酱。用剩余的柠檬汁、盐及胡椒粉调味。如蛋黄酱过于浓稠，可分次加入温水搅拌，如不够浓稠，可再加点植物油搅拌。

芒果蛋黄酱

10 分钟

1/2 个芒果
1 个蛋黄
1 小匙芥末酱
120 毫升葵花籽油
1/2~1 小匙白酒醋
适量盐、胡椒粉

做法

将芒果打成滑顺的果泥。蛋黄及芥末酱搅打均匀，分次加入葵花籽油继续搅打成平滑的蛋黄酱。拌入芒果泥，加入白酒醋、盐及胡椒粉调味。如蛋黄酱过于浓稠，可分次加入温水搅拌，如不够浓稠，可再加点葵花籽油搅拌。

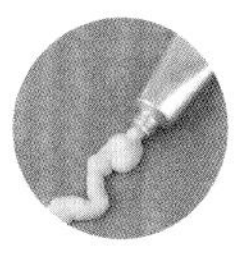

味噌蛋黄酱

10 分钟

1 个蛋黄
1 小匙第戎芥末酱
200 毫升味道清淡的植物油
1 小匙白酒醋
1 大匙白味噌（可用红味噌代替）
适量盐、胡椒粉

做法

蛋黄及芥末酱搅打均匀，一边加入植物油一边继续搅打成平滑的蛋黄酱。加入白酒醋、味噌、盐及胡椒粉调味。如蛋黄酱过于浓稠，可分次加入温水搅拌，如不够浓稠，可再加点植物油搅拌。

蛋黄酱

10 分钟

1 个蛋黄
1 小匙芥末酱
120 毫升葵花籽油
1/2~1 小匙白酒醋
适量盐、胡椒粉

做法

蛋黄及芥末酱搅打均匀，分次加入葵花籽油继续搅打成平滑的蛋黄酱。加白酒醋、盐及胡椒粉调味。如蛋黄酱过于浓稠，可分次加入温水搅拌，如不够浓稠，可再加点葵花籽油搅拌。

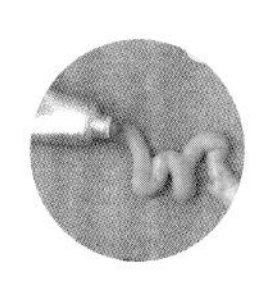

甜菜根蛋黄酱

10 分钟

1 个蛋黄
1 小匙芥末酱
120 毫升葵花籽油
40 毫升甜菜根汁
1/2~1 小匙白酒醋
适量盐、胡椒粉

做法

蛋黄及芥末酱搅打均匀，一边加入葵花籽油一边继续搅打成平滑的蛋黄酱。加入甜菜根汁后，再加入白酒醋、盐及胡椒粉调味。如蛋黄酱过于浓稠，可分次加入温水搅拌，如不够浓稠，可再加点葵花籽油搅拌。

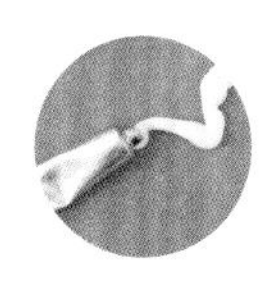

无蛋蛋黄酱

10 分钟

40 毫升冰的全脂鲜奶
1 小匙芥末酱
1 小匙柠檬汁
120 毫升味道清淡的植物油
适量盐、胡椒粉

做法

全脂鲜奶、芥末酱及柠檬汁搅打约 30 秒，一边加入植物油一边继续搅打成平滑的蛋黄酱。搅拌时记得小心上下移动搅拌棒（但不要离开酱料），用盐及胡椒粉调味。

藏红花蛋黄酱

10 分钟

1 克藏红花	200 毫升葵花籽油
1 个蛋黄	1 小匙白酒醋
1 小匙芥末酱	适量盐、胡椒粉

做法

藏红花用 1 大匙水溶解。蛋黄及芥末酱搅打均匀，一边加入葵花籽油一边继续搅打成平滑的蛋黄酱。加入藏红花溶液，再加白酒醋、盐及胡椒粉调味。如蛋黄酱过于浓稠，可分次加入温水搅拌，如不够浓稠，可再加点葵花籽油搅拌。

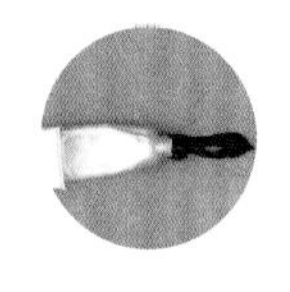

黑色墨鱼汁蛋黄酱

10 分钟

1 个蛋黄	120 毫升葵花籽油
1 小匙芥末酱	1/2~1 小匙白酒醋
1~2 小匙墨鱼汁	适量盐、胡椒粉

做法

蛋黄、芥末酱、墨鱼汁搅打均匀，一边加入葵花籽油一边继续搅打成平滑的蛋黄酱。加入白酒醋、盐及胡椒粉调味。如蛋黄酱过于浓稠，可分次加入温水搅拌，如不够浓稠，可再加点葵花籽油搅拌。

番茄蛋黄酱

10 分钟

1 个蛋黄	2 小匙番茄酱
1 小匙芥末酱	1/2~1 小匙白酒醋
120 毫升葵花籽油	适量盐、胡椒粉

做法

蛋黄及芥末酱搅打均匀，一边加入葵花籽油一边继续搅打成平滑的蛋黄酱。拌入番茄酱，加入白酒醋、盐及胡椒粉调味。如蛋黄酱过于浓稠，可分次加入温水搅拌，如不够浓稠，可再加点葵花籽油搅拌。

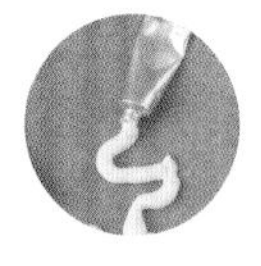

山葵蛋黄酱

10 分钟

1 个蛋黄	适量盐
1 小匙芥末酱	2 小匙山葵酱
120 毫升葵花籽油	1 小匙味淋
1/2~1 小匙白酒醋	

做法

蛋黄及芥末酱搅打均匀，一边加入葵花籽油一边继续搅打成平滑的蛋黄酱。加入白酒醋、盐、山葵酱及味淋调味。如蛋黄酱过于浓稠，可分次加入温水搅拌，如不够浓稠，可再加点葵花籽油搅拌。

泥、酱、凝胶

茄子酱

3 小时

80 克葡萄干	1 个茄子（切 2 厘米见方的丁）
250 毫升蔬菜高汤	1 头洋葱（切丁）
适量植物油（煎炒用）、盐、胡椒粉	2 瓣蒜（切碎）
	1 大匙番茄酱

做法

1. 葡萄干用烧热的蔬菜高汤浸泡约 2 小时。锅加油烧热，放入茄子丁翻炒成深咖啡色，放在厨房纸巾上沥干。
2. 洋葱及蒜炒 7~8 分钟至呈金黄色，加入茄子丁、番茄酱、葡萄干及蔬菜高汤，加盖焖煮 18~20 分钟，期间要翻动几次。煮好后用搅拌机打成浓稠平顺的泥状，用盐和胡椒粉调味。

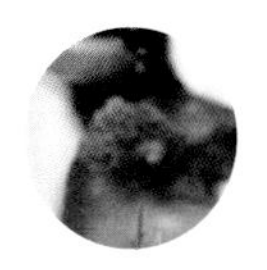

罗勒薄荷青酱

10 分钟

20 克松子仁
50 克新鲜罗勒
2 大匙新鲜薄荷叶
50 克帕玛森芝士（切薄片）
2 大匙橄榄油
1 瓣蒜（去皮）
适量盐、胡椒粉

做法

松子仁干炒至金黄色。罗勒、薄荷叶洗净。除了盐、胡椒粉之外的所有材料放入料理机中打成泥，用盐和胡椒粉调味。

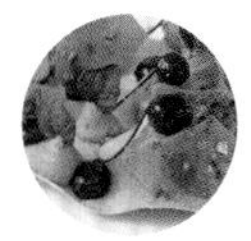

蔓越莓凝胶

10 分钟 ❄ 2小时

300 毫升水
150 克蔓越莓
200 克糖
2.5 克琼脂

做法

水用中小火煮开，加入蔓越莓及糖，转小火煮至蔓越莓变软。加入琼脂，再次煮沸，用小火煮 2 分钟，打成泥状并过筛，冷藏约 2 小时至凝固，再次搅打成泥，放进裱花袋中冷藏备用。

菜花泥

20 分钟

1 棵菜花（切小朵）
1 片月桂叶
1 升全脂牛奶
25 克黄油
适量盐、白胡椒粉

做法

菜花及月桂叶放进锅中，倒入牛奶淹没，小火煮 15~20 分钟，直到菜花变软。煮好后过筛，去除月桂叶。将菜花放入搅拌机中，一边加入牛奶一边搅打成泥，直到浓稠度适中。拌入黄油，用盐和胡椒粉调味。

豌豆泥

10 分钟

盐
200 克豌豆仁
50 克黄油

做法

豌豆仁放进热盐水中焯 2~3 分钟，捞入冰水里冰镇，凉后捞出，放进料理机加适量水打成泥，加入黄油继续搅打匀，过筛后用盐调味。

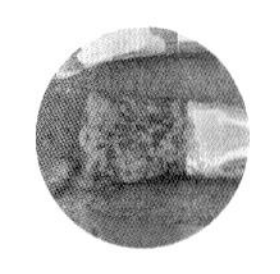

西蓝花泥

20 分钟

1 棵西蓝花（切成小朵）
1 大匙黄油
50 毫升蔬菜高汤
适量肉豆蔻、盐、胡椒粉

做法

将西蓝花放在盐水中煮 12~15 分钟直到变软，趁热和蔬菜高汤一起搅打成泥，拌入黄油，如太过浓稠，再多加点高汤。用肉豆蔻、盐及胡椒粉调味。

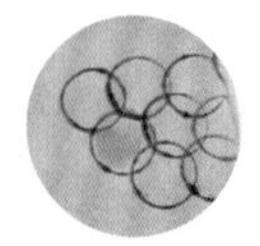

石榴凝胶

10 分钟 ❄ 2小时

200 毫升石榴汁
2 克琼脂

做法

石榴汁熬至剩一半的量，加入琼脂煮沸后转小火煮 2 分钟，室温下晾凉，冷藏至凝固，用搅拌机打散，装进裱花袋中冷藏备用。

玉米酱

10 分钟

2 头红葱头（切碎）
1 大匙植物油
1 罐玉米罐头（285 克，水倒掉）
50 克液态奶油
50 克黄油
适量盐、胡椒粉

做法

红葱头放进油锅中煎至半透明，加入玉米粒炒 2~3 分钟，加入液态奶油后搅打成泥，过筛，加入黄油，再用盐和胡椒粉调味。

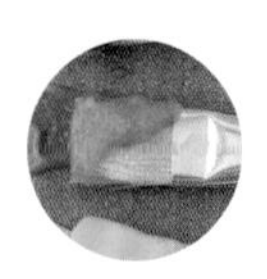

南瓜甘薯泥

30 分钟

200 克甘薯（去皮）
400 克北海道南瓜（此种南瓜水分充足，肉质细腻）
适量盐、胡椒粉、肉豆蔻
1 大匙黄油
150 毫升牛奶

做法

甘薯和南瓜切大块，放进沸水中煮约 25 分钟，倒掉水，打开锅盖晾至蒸汽散完（这样做可以让其中多余的水散发），取出捣成泥状。拌入黄油及牛奶，打成平滑的泥状，用盐、胡椒粉及肉豆蔻调味。

帕玛森芝士酱

45 分钟 ❄ 1小时

150 克帕玛森芝士（刨片）
100 毫升牛奶
100 毫升水
4 个鸡蛋（打散）

做法

将帕玛森芝士、牛奶及水用中小火加热，一直搅拌至帕玛森芝士熔化。降低温度边搅拌边加入蛋液，加热约 10 分钟，直到芝士温度降到 85℃并且开始结块（可能会出现颗粒）。过筛沥水，在室温下晾凉后冷藏 1 小时。再搅打至平滑，装入裱花袋中冷藏备用。

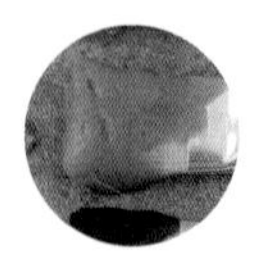

紫色土豆泥

20 分钟

600 克小紫土豆（去皮）
适量盐、胡椒粉、肉豆蔻
150 毫升温牛奶
40 克黄油

做法

土豆用水煮约 15 分钟，倒掉水，打开锅盖晾至蒸汽散完，再用土豆压泥器压成泥。淋入温牛奶，拌入黄油，用盐、胡椒粉及肉豆蔻调味。

甜菜根凝胶

20 分钟 ❄ 2小时

500 毫升甜菜根汁
50 克巴萨米可醋
适量盐、胡椒粉
1 小匙糖
2.5 克琼脂

做法

甜菜根汁熬至剩一半的量，加入巴萨米可醋，用盐、胡椒粉及糖调味。加入琼脂后再次煮沸，转小火煮 2 分钟，放室温下晾凉后冷藏 2 小时至凝固。用搅拌机打散，装进裱花袋中冷藏备用。

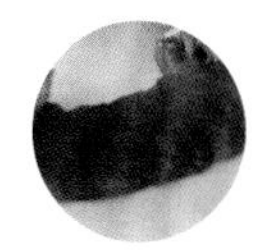

甜菜根土豆泥

20 分钟

6 个中等大小粉质土豆（去皮）
4 个甜菜根
150 毫升牛奶
适量盐、胡椒粉

做法

土豆一切为二，与甜菜根一起放进沸盐水中煮 30~35 分钟。倒掉水，取出土豆、甜菜根削皮切丁后放入搅拌机中，一边加入牛奶一边搅打成泥，直至浓稠度适中，用盐和胡椒粉调味。

甜菜根泥

45 分钟

1 大匙黄油
1 头洋葱（切丁）
600 克甜菜根（切丁）
1 升蔬菜高汤
40 克黄油
适量盐、胡椒粉

做法

1 大匙黄油在锅中加热至熔化，放入洋葱及甜菜根翻炒，倒入蔬菜高汤，用中小火焖煮至甜菜根变软。过筛后放进料理机中加入 40 克黄油打成平滑的泥，如太浓稠可加入高汤。用盐和胡椒粉调味。

酸种面包酱

25 分钟

250 克天然酵母面包（又叫酸种面包，切大丁）
适量植物油、盐、胡椒粉
60 克红葱头（切圈）
350 毫升水
150 毫升液态奶油
20 克黄油

做法

烤箱预热至 220℃。将面包放在烤盘上，入烤箱烤约 15 分钟至金黄酥脆。锅加油用中小火加热，放进红葱头翻炒至金黄色，加入面包丁及液态奶油，加入水煮沸后转小火继续煮几分钟，直到面包变软，加入黄油拌匀，放搅拌机中打成平滑的泥，用盐和胡椒粉调味。

根芹泥

20 分钟

50 毫升水
150 毫升牛奶
200 克液态奶油
1 棵根芹（切丁）
适量盐、胡椒粉

做法

水、牛奶、液态奶油及根芹煮沸，转小火继续煮 15 分钟至根芹变软。过筛后放入搅拌机中打成平滑的泥，如太浓稠可加入煮汁，加入盐和胡椒粉调味。

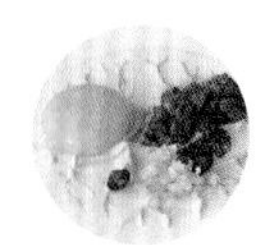

芥末酱

10 分钟

1 大匙白酒醋
1 大匙中辣芥末酱
1/4 小匙糖
2 个蛋黄
200 毫升味道清淡的植物油
适量盐、胡椒粉
5 克细香葱（切葱花，可不要）

做法

取瘦高杯子，放入白酒醋、芥末、糖、蛋黄，一边加入植物油，一边用搅拌棒打至平滑，加入盐、胡椒粉、葱花调味。

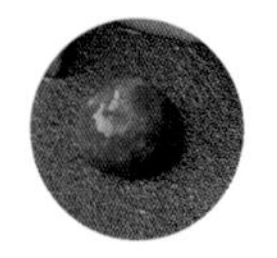

菠菜凝胶

20 分钟

1 头洋葱（切丁）
1 大匙植物油
500 克嫩菠菜
适量盐、胡椒粉、肉豆蔻

做法

锅加油烧热，放入洋葱用中小火炒至半透明。菠菜在沸水中焯 1 分钟，立刻捞入冰水中冰镇，凉后捞出挤干，与洋葱一起打成泥，用盐、胡椒粉和肉豆蔻调味。

菠菜泥

15 分钟

1 头洋葱（切碎）
1 瓣蒜（切碎）
1 大匙葵花籽油
500 克嫩菠菜
适量盐、胡椒粉
蔬菜高汤

做法

锅加油烧热，放入洋葱、蒜用中小火炒至半透明，加入菠菜翻炒至软，放入搅拌机中一边加入高汤一边搅打成泥，直到浓稠适中，加盐、胡椒粉调味。

甘薯泥

35 分钟

500 克甘薯（切块）
2 瓣蒜（去皮）
500 毫升蔬菜高汤
60 克液态奶油
50 克黄油
1 小撮肉豆蔻
适量盐、胡椒粉

做法

锅中放入甘薯、蒜、蔬菜高汤煮到甘薯变软，过筛后放入料理机中，加入液态奶油和黄油，搅拌成平滑的泥，期间可根据浓稠度适量加入高汤。用肉豆蔻、盐、胡椒粉调味。

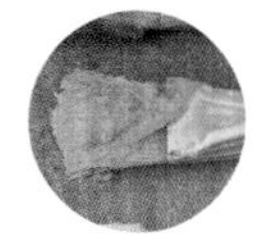

洋葱酱

25 分钟

50 克黄油
350 克洋葱（切丁）
1 小枝百里香
100 克法式酸奶油
适量盐、胡椒粉

做法

黄油放锅中一边低温加热，一边打发至发泡，加入洋葱、百里香用小火煮至洋葱变软。加入法式酸奶油，再煮 5 分钟。过筛，将汤汁倒入锅中，用中小火熬至一半的量。去掉百里香，其他食材一边加入汤汁，一边搅打，直到浓稠适中。用盐和胡椒粉调味。

胡萝卜食材

烤胡萝卜片

30 分钟

4 根胡萝卜（去皮）
1 小匙橄榄油
1/4 小匙盐

做法

烤箱开上下火预热至 200℃。胡萝卜切长条，淋上橄榄油，放在铺好烘焙纸的烤盘上，撒盐，入烤箱烤约 20 分钟直至酥脆，中间要翻面。

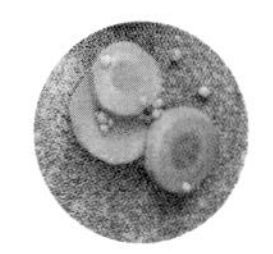

腌胡萝卜

30 分钟

500 克胡萝卜
250 毫升水
盐
150 毫升白酒醋
150 克糖
1 大匙芥末子

做法

胡萝卜去皮切片，放进盐水中煮，但不要煮到熟软，最好保持一定嚼劲，捞入冰水中冰镇，沥干后放进消毒过的玻璃罐中。水、醋、糖、盐煮沸，放入芥末子再次煮沸，倒入胡萝卜罐子中。加盖，静置晾凉，冷藏保存。

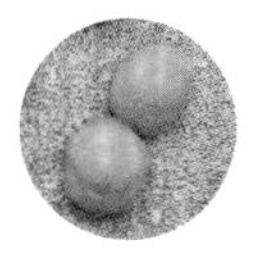

胡萝卜凝胶

2.5 小时

400 克胡萝卜
盐
1 小匙姜（磨碎）
2 克琼脂

做法

胡萝卜去皮切片，放进盐水中煮，但不要煮到熟软，最好保持一定嚼劲，加上姜泥和一点煮胡萝卜的水打成泥，加 1 小撮盐调味，加入琼脂煮沸，转小火煮 2 分钟。于室温下晾凉后冷藏 2 小时至凝固。用搅拌机打散，装进裱花袋中冷藏备用。

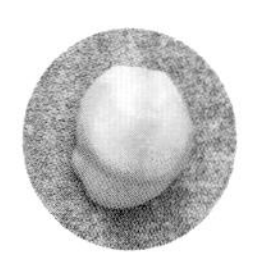

胡萝卜泡沫

30 分钟

3 张吉利丁片
600 毫升胡萝卜汁
100 毫升柳橙汁
250 克胡萝卜（切大块）
2 根西芹（切大段）
1 根柠檬香茅（压折使其更容易出味）

做法

吉利丁片放冷水中泡软。胡萝卜汁、柳橙汁、胡萝卜、西芹、柠檬香茅放入锅中，不加盖用小火煮 10 分钟。过筛后取 500 毫升汤汁，将吉利丁片挤干，放进汁液中溶化，再过筛，装进奶油枪中（容量 500 毫升），装上 2 颗气弹，每加入 1 颗气弹都须用力摇晃，冷藏保存。

细香葱胡萝卜冻

1 小时

3 张吉利丁片
300 毫升胡萝卜汁
3 克琼脂
3 大匙细香葱花

做法

吉利丁片放冷水中泡软。胡萝卜汁、琼脂煮沸后转小火煮 2 分钟，放入挤干的吉利丁片煮沸，倒在耐热的塑料托盘中，要薄一点，撒上葱花，冷藏保存。

细香葱捆胡萝卜条

20 分钟

400 克胡萝卜（去皮切细丝）
适量盐
5 克细香葱（汆烫）
25 克黄油（熔化）

做法

胡萝卜放进盐水中煮，但不要煮到熟软，最好保持一定嚼劲，捞出沥干，分成几份，切得长短一致，用细香葱捆好。使用前再用热水加热，淋上黄油。

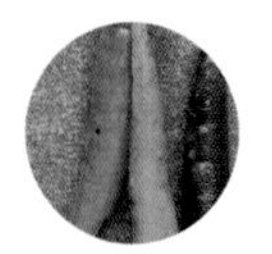

糖衣胡萝卜

15 分钟

2 把迷你水果胡萝卜
30 克黄油
3 小匙蜂蜜
适量盐、胡椒粉

做法

胡萝卜去皮，留一小段绿梗。锅加黄油烧熔化，放入胡萝卜，加盖，小火煎煮 6~8 分钟，期间加入 2~3 大匙水。快出锅时加入蜂蜜拌匀，再加入盐、胡椒粉调味。

糖渍胡萝卜

45 分钟

3 根胡萝卜（去皮）
250 毫升水
350 克糖

做法

烤箱开上下火预热至 110℃。胡萝卜切长条。水和糖用中小火煮沸，放入胡萝卜用小火煮 15 分钟，捞出沥干后放在铺好烘焙纸的烤盘上，入烤箱烤约 15 分钟，中途要翻面，取出晾凉。

胡萝卜芝麻酱

40 分钟

500 克胡萝卜（去皮，切大块）
2 小匙橄榄油
2 大匙芝麻酱
1 小匙柠檬汁
适量盐、胡椒粉

做法

烤箱开上下火预热至 200℃。胡萝卜放在铺好烘焙纸的烤盘上，淋上 1 小匙橄榄油，入烤箱烤 30~35 分钟，直到颜色变深，取出放入搅拌机中，加入芝麻酱、柠檬汁、1 小匙橄榄油搅打成平滑的泥，用盐及胡椒粉调味。

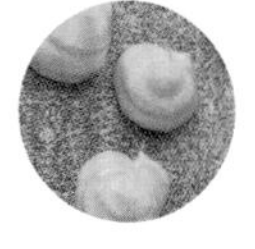

胡萝卜蛋黄酱

20 分钟

400 克胡萝卜（去皮，切块）
1 个土豆（去皮，切块）
适量盐、胡椒粉
70 毫升植物油
1 小匙柠檬汁

做法

土豆及胡萝卜放盐水中煮 12~15 分钟至变软，趁热搅打成泥，加入植物油、柠檬汁再搅打至少 1 分钟至浓稠，用盐和胡椒粉调味。

胡萝卜慕斯

4.5 小时

3 张吉利丁片
300 克胡萝卜（去皮，切片）
1 大匙橄榄油
1 瓣蒜（切碎）
1/2 小匙孜然
适量盐
100 克液态奶油
10 毫升牛奶
4 个圆形模具（直径约 6 厘米）

做法

1. 吉利丁片放冷水中泡软。胡萝卜放盐水中煮 15 分钟至变软，捞出。
2. 平底锅加油烧热，放入胡萝卜、蒜煸炒一会儿，加入孜然、盐调味，倒入搅拌机中搅打成泥，晾凉。
3. 液态奶油打发。吉利丁片挤干，放入热牛奶中搅拌至溶化，放入 1 大匙做法 2 拌匀，然后一边搅拌一边加入剩余的做法 2，再加入打发奶油。
4. 圆形模具内壁放一圈塑料片。将做法 3 倒入抹平，冷藏 4 小时至凝固。

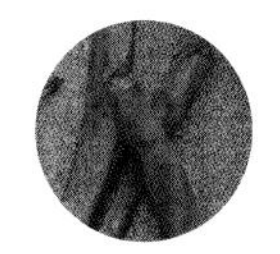

烤胡萝卜条

30 分钟

2 根胡萝卜（去皮）
2 大匙橄榄油
1 小匙甜椒粉
1 小匙盐
1 小匙胡椒粉

做法

烤箱开上下火预热至 220℃。胡萝卜切长条，与橄榄油、甜椒粉、盐、胡椒粉混匀，放在铺好烘焙纸的烤盘上，入烤箱烤 20~25 分钟，中途要翻面。

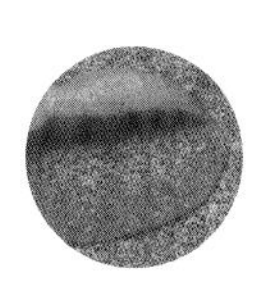

胡萝卜泥

20 分钟

500 克胡萝卜（去皮切大块）
适量肉豆蔻、盐、胡椒粉
约 50 毫升蔬菜高汤
1 大匙黄油
1 小匙枫糖浆（可不要）

做法

胡萝卜放入盐水中煮 12~15 分钟至变软，捞出，趁热放入搅拌机中，加高汤搅打成泥，加入黄油打匀，如太浓稠，可分次加点高汤搅拌。用肉豆蔻、盐、胡椒粉、枫糖浆调味。

胡萝卜丝饼

15 分钟

750 克胡萝卜（刨丝）
3 厘米长的姜块（磨成泥）
1 个鸡蛋（打散）
5 大匙面粉
1 小撮盐
适量胡椒粉、味道清淡的植物油

做法

烤箱开上下火预热至 200℃。胡萝卜和姜用棉布包住挤出多余的水，放入盆中，加鸡蛋、面粉、盐、胡椒粉搅拌。平底锅加油，用中小火烧热，舀一汤匙胡萝卜丝入锅煎，边煎边用锅铲压平，每面煎 3~4 分钟至变成金黄色。

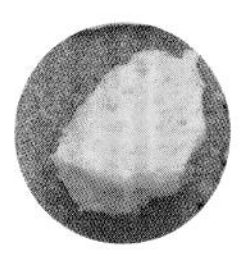

胡萝卜海绵

20 分钟

4 个鸡蛋
75 克面粉
30 克糖
80 克黄油（熔化）
1 小撮盐
2 大匙胡萝卜泥（243 页）

做法

所有食材放入搅拌机中搅打至平滑，倒入奶油枪中（容量 500 毫升），安装 1 颗气弹，用力摇晃至少 1 分钟。将胡萝卜奶油霜挤压进耐热容器中，放入微波炉高火加热 40 秒。

香草油

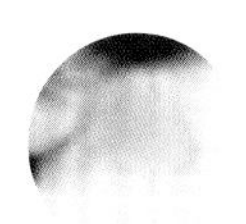

罗勒油

35 分钟 + 1星期

1 把罗勒
1 瓣蒜（去皮）
1 根干辣椒（可不要）
200 毫升橄榄油

做法

罗勒洗净沥干后取叶。锅中加油烧热，加入蒜、罗勒叶、干辣椒炸 30 秒。铁盖玻璃罐用沸水烫过消毒后晾干，倒入罗勒油和食材，盖好，静置一星期入味。取出过筛，只取罗勒油倒回玻璃罐中密封保存。

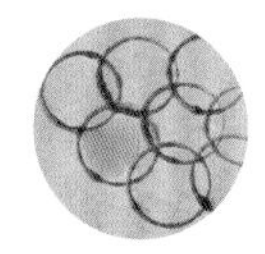

薄荷油

5 分钟

1 把薄荷
200 毫升味道清淡的植物油

做法

铁盖玻璃罐用沸水烫过消毒后晾干。薄荷焯水 45 秒，捞入冰水中浸凉，用厨房纸巾擦干。薄荷和油放入搅拌机中打匀，过筛，只取油倒入玻璃罐中密封保存。

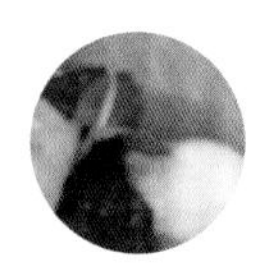

欧芹油

5 分钟

1 把欧芹（去掉粗茎，大致切碎）
200 毫升味道清淡的植物油
1/4 小匙盐

做法

铁盖玻璃罐用沸水烫过消毒后晾干。欧芹在沸盐水中焯 5 秒，捞入冰水中浸凉，用厨房纸巾擦干。将欧芹、油、盐拌打均匀，过筛，只取油倒入玻璃罐中密封保存。

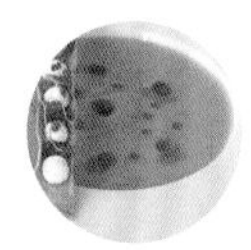

细香葱油

10 分钟

1 把细香葱（切大段）
20 克菠菜叶
200 毫升植物油

做法

铁盖玻璃罐用沸水烫过消毒后晾干。香葱及菠菜洗净擦干，放入搅拌机中，加入植物油高速搅打匀，过筛，只取油倒入玻璃罐中密封保存。

泡沫

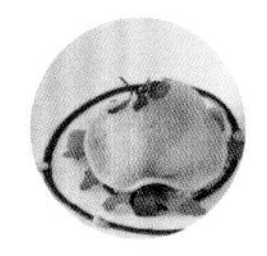

罗勒泡沫

5 分钟

240 毫升水
1 把罗勒
2 克卵磷脂

做法

所有食材用手持搅拌器拌打均匀后，继续搅打 1 分钟至出现泡沫。搅拌时要把搅拌器放得浅一些，以稍微倾斜的角度进行搅打，取泡沫立即使用。

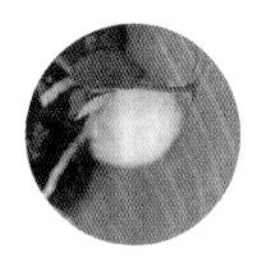

金汤力泡沫

10 分钟

150 毫升汤力水
50 毫升金酒
200 克蛋白粉
2 克黄原胶
2 克明胶

做法

所有食材用手持搅拌器搅打均匀，倒入奶油枪中（容量 500 毫升），装上 2 颗气弹，每装入 1 颗气弹就要用力接晃，冷藏保存。

孜然泡沫

5 分钟

110 克法式酸奶油
220 毫升鱼高汤
5 克孜然
4 克盐
4 克卵磷脂

做法

所有食材用手持搅拌器搅打 1 分钟，倒入锅中加热，温度不要超过 40℃，熄火再继续用搅拌器搅打至出现泡沫。搅拌时要把搅拌器放得浅一些，以稍微倾斜的角度进行搅打，取泡沫立即使用。

附录 B

甜味装饰食材

松脆食材

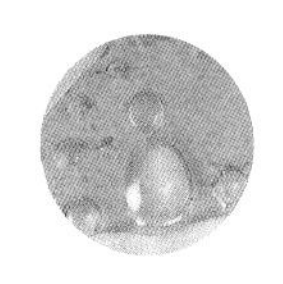

五彩糖浆片

50 分钟

适量葡萄糖浆、食用色素

做法

烤箱开上下火预热至 140℃。所有食材混匀，如果糖浆太浓稠，可放进微波炉中加热约 10 秒。糖浆倒在铺好烘焙纸的烤盘上，抹平，入烤箱烤 30~40 分钟。取出晾凉，掰成小块，密封保存。

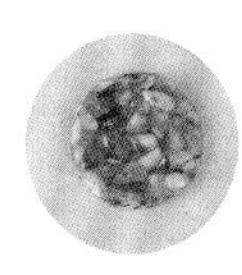

榛果脆

20 分钟

100 克综合坚果（如榛子、葵花子、南瓜子）
100 克糖
少许香草精

做法

将坚果剁碎。糖用小火干烧至焦糖化，立即熄火，加入坚果、香草精搅拌，再放到铺好烘焙纸的烤盘上，压平，晾凉后用压模压出各种形状，或者直接掰成小块，密封保存。

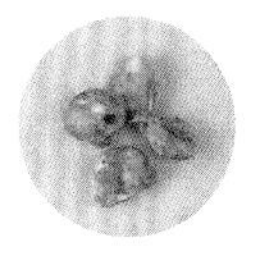

覆盆子酥

5 分钟

1 小匙覆盆子粉
100 克白巧克力（熔化）
50 克膨化谷物（如米花、麦花）

做法

所有食材混合均匀，倒在烘焙纸上抹平，晾凉后切小块。

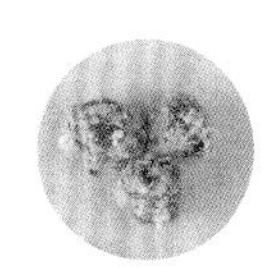

琥珀榛子

15 分钟

100 克糖
2 大匙水
100 克榛子仁（炒香）

做法

糖、水用中小火煮沸，期间不要搅拌。加入榛子仁后开始搅拌，直到糖液均匀裹在榛子仁上，放在烘焙纸上，将坚果每粒分开放置晾凉。

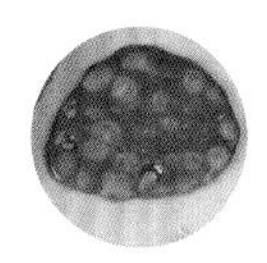

焦糖饼干

15 分钟

适量焦糖糖果（如德国维特太妃糖）

做法

烤箱开上下火预热至 140℃。将糖果分开放在铺好烘焙纸的烤盘上，入烤箱烤 5~7 分钟，直到糖果熔化，取出晾凉。

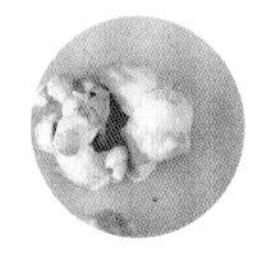

焦糖爆米花

15 分钟

50 克干玉米粒
75 毫升植物油
1/2 小匙盐
300 克糖
75 毫升水
75 克黄油

做法

1. 先将 3 粒玉米放进油锅中用中小火加热，如成功爆成玉米花，再把其他玉米如法炮制。等所有玉米都爆成玉米花，倒入大碗中，撒少许盐。
2. 糖、水边加热边搅拌，直到糖完全溶化，停止搅拌，继续加热至糖变成金黄色，熄火，加入黄油搅拌均匀，轻轻拌入爆米花裹匀。

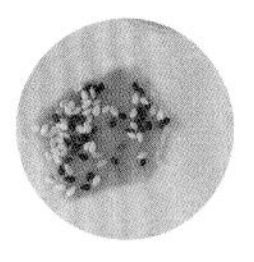

芝麻饼干

15 分钟

70 克细糖粉
20 克面粉
25 克黑白芝麻
20 克黄油（熔化）
25 毫升柳橙汁

做法

烤箱开上下火预热至 200℃。将所有食材拌匀，舀一团放到铺好烘焙纸的烤盘上，全部舀完，中间留距离，入烤箱烤约 5 分钟至变成金黄色，取出晾凉，密封保存。

蛋白霜片

1 小时

2 个蛋清
1 小撮盐
75 克糖
75 克细糖粉（过筛）

做法

烤箱开上下火预热至 110℃。将蛋清和盐用手持搅拌器一边加糖一边打发至硬性发泡，倒入细糖粉轻轻拌匀，用刮板抹在铺好烘焙纸的烤盘上，入烤箱烤约 40 分，取出晾凉，切小块，密封保存。

巧克力装饰

巧克力调温法

巧克力装饰品看起来有些黯淡，调温可以解决这个问题，使巧克力有着诱人的光泽及适当的脆度。巧克力调温的方法如下。

1. 巧克力切块，取 2/3 放进金属盆中，坐于热水中边加热边持续搅拌使之熔化。牛奶巧克力、白巧克力要加热至 40~45℃，50% 黑巧克力需要加热至 45~50℃。
2. 当巧克力到达所需温度后，将金属盆从热水中拿出来，再放入剩下的巧克力，持续搅拌到温度降至 26~28℃。再将金属盆坐于热水中加热，直到巧克力达到 30~33℃即可。

开心果酥粒

5 分钟

25 颗开心果仁（剁碎）
3 小匙粗糖
1 大匙黄油（熔化）

做法

将开心果仁、粗糖及黄油一起搅拌匀，冷藏保存，使用时掰小块。

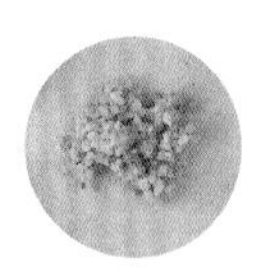

焦糖白巧克力

25 分钟

100 克白巧克力

做法

烤箱开上下火预热至 160℃。将巧克力切碎后放在铺有烘焙纸的烤盘上，入烤箱烤约 10 分钟，翻面，继续烤 10 分钟使其焦糖化，取出晾凉。

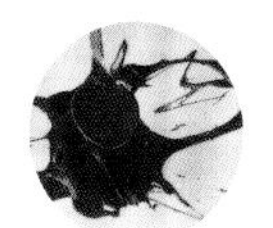

巧克力奶油酱

15 分钟

80 克细糖粉
1 大匙水
400 克奶油
200 克榛子仁（炒香）
175 克 60% 黑巧克力（切块）

做法

细糖粉和水加热至糖溶化，不要搅拌，接着煮 4~5 分钟使之变成焦糖。加入奶油搅拌，拌入榛子仁，在搅拌机中打成平滑泥状，趁热拌入巧克力。如太浓稠，可再加点奶油搅拌。

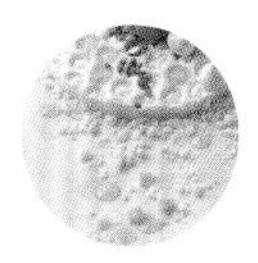

白巧克力碎

15 分钟

110 克水
100 克糖
75 克白巧克力

做法

水、糖加热至 145℃。与此同时，将白巧克力放盆中，隔水加热熔化。当糖浆加热至 145℃时，将熔化的白巧克力放进较深的搅拌盆中，一边倒入糖浆一边用手持搅拌器高速搅拌，直到巧克力凝结成小粒，密封保存。

巧克力酥

15 分钟

25 克可可粉
50 克德国 405 号面粉
90 克红糖
75 克冰黄油

做法

烤箱开上下火预热至 180℃。所有食材拌匀，放在铺好烘焙纸的烤盘上，入烤箱烤约 8 分钟，取出晾凉。

奶酱、凝胶

黑灯笼果甘纳许

15 分钟 ❄ 2小时

200 克白巧克力
100 克黑灯笼果酱

做法

白巧克力与果酱放入盆中，隔水加热熔化后搅打成泥，冷藏几小时，再用手持搅拌器搅打至颜色变淡为止。

巧克力碎

25 分钟

50 克糖
50 克杏仁粉
30 克德国 405 号面粉
35 克可可粉
60 克黄油（熔化）
适量可可粒（可不要）

做法

烤箱预热至 160℃。所有食材拌匀，放在铺好烘焙纸的烤盘上，入烤箱烤约 20 分钟，中途要翻面几次，取出晾凉。

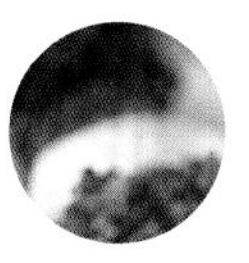

香缇奶油

30 分钟 ❄ 1小时

80 克白巧克力
250 克奶油
1/2 个香草荚里的香草籽
75 克马斯卡彭芝士

做法

白巧克力、奶油及香草籽放锅中加热，偶尔搅拌至巧克力熔化，晾凉，加入马斯卡彭芝士拌匀，冷藏 1 小时。取出用手持搅拌器打发至硬性发泡。

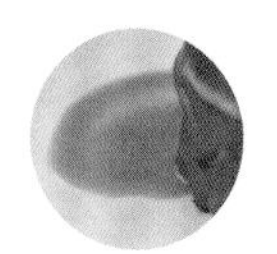

海盐焦糖酱

15 分钟

50 毫升水
200 克糖
90 克黄油
120 克液态奶油
1/2 小匙海盐

做法

水与糖开小火一边搅拌一边加热至糖溶化，继续加热但不要搅拌，用中小火继续煮到金黄色，熄火，加入黄油搅拌，再加入液态奶油，最后加海盐搅拌。

柠檬凝乳

15 分钟 ✻ 3小时

200 毫升柠檬汁
200 克糖
4 个鸡蛋
80 克黄油（切小丁）
30 克面粉

做法

所有食材一起倒入金属盆中，一边搅拌一边隔水加热 6~9 分钟至变得浓稠。过滤后倒入消毒并晾干的小玻璃罐中，晾凉后冷藏保存。

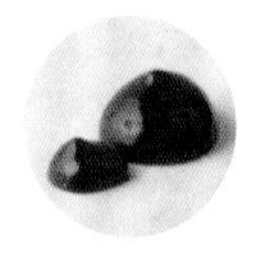

覆盆子凝胶

20 分钟 ✻ 2小时

200 毫升覆盆子汁
2 克琼脂

做法

覆盆子汁熬至剩下一半的量，加入琼脂煮沸，小火煮 2 分钟，熄火，晾凉，冷藏约 2 小时至凝固。取出后用搅拌机打散，装进裱花袋中冷藏备用。

芒果凝胶

15 分钟 ✻ 2小时

200 毫升芒果汁
2 克琼脂

做法

芒果汁熬至剩下一半的量，加入琼脂煮沸，小火煮 2 分钟，熄火，晾凉，冷藏约 2 小时至凝固。取出后用搅拌机打散，装进裱花袋中冷藏备用。

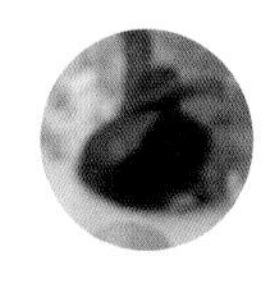

灯笼果凝胶

20 分钟 ✻ 2小时

200 毫升灯笼果汁
2 克琼脂

做法

灯笼果汁熬至剩下一半的量，加入琼脂煮沸，小火煮 2 分钟，熄火，晾凉，冷藏约 2 小时至凝固。取出后用搅拌机打散，装进裱花袋中冷藏备用。

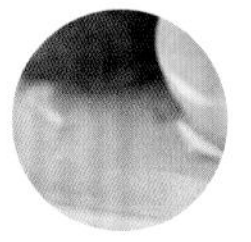

柳橙糖浆

15 分钟

250 毫升柳橙汁
2 大匙糖
1/4 小匙玉米粉

做法

糖放锅中，用小火加热至焦糖化，立即倒入柳橙汁铲匀收汁，熬到剩余 125 毫升，加入玉米粉增稠。

脆饼、脆筒类食材

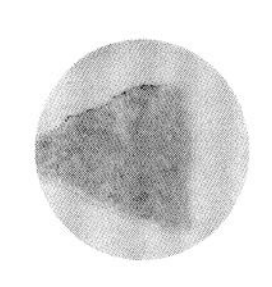

酥皮脆饼

20 分钟

1 张酥皮
2 大匙细糖粉

做法

烤箱开上下火预热至 140℃。细糖粉过筛后。酥皮擀开，撒上一些细糖粉，然后一边擀一边撒上细糖粉，直至擀成薄片，放在铺好烘焙纸的烤盘上，入烤箱烤 10~15 分钟，直到酥脆且变成金黄色。取出晾凉，掰成小块。

可可香橙饼

20 分钟　1小时

40 克德国 405 号面粉	40 克黄油（熔化）
150 克糖	56 克可可粒
60 毫升柳橙汁	

做法

面粉、糖、柳橙汁、黄油拌匀，加入可可粒和成面团，冷藏 1 小时。烤箱开上下火预热至 190℃，用汤匙把面团挖成小团，放在铺好烘焙纸的烤盘上，压平，入烤箱烤约 10 分钟至浅棕色。取出晾凉，密封保存。

可可脆筒

7份　30 分钟

75 毫升柳橙汁	30 克德国 405 号面粉
100 克果酱糖[一]	5 克可可粉
500 克黄油	35 克椰子粉
20 克葡萄糖	15 克榛子仁（炒香）

做法

1 烤箱开上下火预热至 180℃。柳橙汁、果酱糖、黄油、葡萄糖放入锅中，一边搅拌一边煮至沸腾，熄火，加面粉、可可粉拌匀，开火再煮 2~3 分钟。熄火，加入椰子粉及榛子仁，晾凉。

2 烘焙纸上用铅笔画出几个直径约 20 厘米的圆圈，不可重叠，要有一定距离，画好后把烘焙纸翻面，每个圆圈内放约 25 克做法 1，抹平，入烤箱烤 4~5 分钟。取出烤好的圆饼，绕着锥形模具卷好，晾凉后脱模，密封保存。

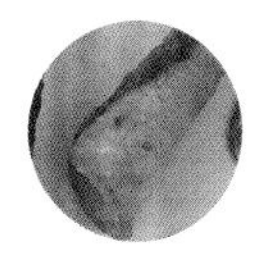

椰子香橙脆筒

7份　30 分钟

75 毫升柳橙汁	20 克葡萄糖
100 克果酱糖	30 克德国 405 号面粉
500 克黄油	50 克椰子粉

做法

1 烤箱开上下火预热至 180℃。柳橙汁、果酱糖、黄油、葡萄糖放入锅中，一边搅拌一边煮至沸腾，熄火，加面粉拌匀，再煮 2~3 分钟，熄火，加入椰子粉拌匀，晾凉。

2 烘焙纸上用铅笔画出几个直径约 20 厘米的圆圈，不可重叠，要有一定距离，画好后把烘焙纸翻面，每个圆圈内放约 25 克做法 1，抹平，入烤箱烤 4~5 分钟。取出烤好的圆饼，绕着锥形模具卷好，晾凉后脱模，密封保存。

㊀ 果酱糖是一种胶体糖，用来制作果酱。

马卡龙

◎ 24份　70 分钟

50 克杏仁（焯水，晾干）
50 克细糖粉
30 克蛋清（3~5 天之内下的蛋）
13 克糖
适量食用色素粉或膏（颜色不限）

做法

1 烘焙纸上用铅笔画出几个直径约 3.5 厘米的圆圈，不可重叠，要有一定距离，画好后把烘焙纸翻面。杏仁、细糖粉用料理机打成细粉末，过筛后放入搅拌盆中。蛋清用手持搅拌器搅打至出现气泡，分次加入糖和色素，继续打发至硬性发泡。用抹刀小心将蛋白霜拌入杏仁糖粉中搅拌成平滑的面糊。

2 面糊装进裱花袋中，在烘焙纸上的圆圈内挤上同等分量的面糊，放入烤盘，提到 10 厘米的高度震动几下以去除气泡，还能使表面平整，静置 30 分钟，使表面结皮干燥不粘手。

3 烤箱开上下火预热至 160℃，面糊入烤箱烤约 7 分钟，中途取出烤盘，将温度调至 180℃，继续烤 6 分钟，取下马卡龙放散热架上晾 10 分钟。

开心果马卡龙

70 分钟

做法同“马卡龙”，但将 50 克杏仁换成 25 克杏仁、25 克开心果，色素改为绿色色素即可。开心果、杏仁、细糖粉都要打成细粉末，但不要搅打过度变成糊糊，要打成面粉一样的质地。

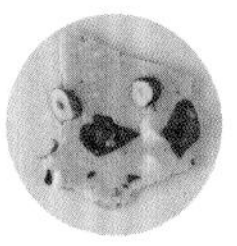

坚果巧克力脆饼

20 分钟

100 克黄油
170 克糖
3 大匙液态蜂蜜
60 克德国 405 号面粉
2 个蛋清
80 克夏威夷果仁（粗切碎）
70 克榛子仁（粗切碎）
80 克 50% 的黑巧克力（粗切碎）

做法

烤箱开上下火预热至 180℃。黄油、糖、蜂蜜、面粉、蛋清和成光滑的面团，擀成薄片，撒上夏威夷果仁、榛子仁及巧克力，放在铺好烘焙纸的烤盘上，入烤箱烤 10~12 分钟至酥脆并变成浅棕色。取出晾凉，掰成小块。

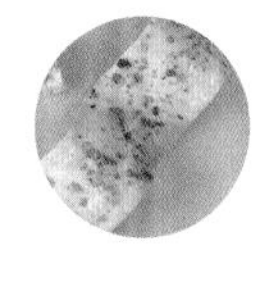

开心果波浪片

15 分钟

1 小匙开心果仁（切碎）
1 张布瑞克面皮（类似春卷皮）
1 大匙黄油（熔化）

做法

烤箱开上下火预热至 180℃。面皮抹上一层厚厚的黄油，切成 2 厘米 x18 厘米的若干长条，撒上开心果仁碎。把 3 根耐热的圆柱模具平放在烤盘上，将面皮长条放在第一根圆柱的上面，穿过第二根圆柱的底面，再放在第三根圆柱的上面，形成 S 形，面皮两端用重物压住，入烤箱烤 5~7 分呈金黄色定型。

水果食材

水果脆饼

40 分钟

120 克水果泥（如芒果或覆盆子）
100 克糖
60 克德国 405 号面粉
60 克黄油

做法

烤箱预热至 130℃。所有食材和成面团，擀成薄片，放在铺好烘焙纸的烤盘上，入烤箱烤约 30 分钟至酥脆。取出晾凉。

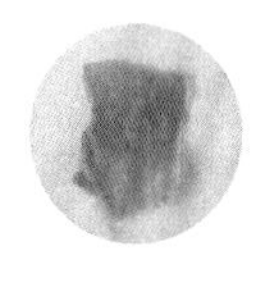

果泥干

5 小时

适量新鲜水果或浆果（如芒果、草莓或覆盆子）

做法

将水果或浆果打成泥，放在铺好烘焙纸的烤盘上，抹成薄薄一层，入 50~80℃的烤箱烤几小时至变干定型不粘手。

柑橘类水果干

195 分钟

1 个柠檬
1 个柳橙
100 克糖
100 毫升水
5 克柠檬酸

做法

烤箱开上下火预热至 100℃，柠檬和柳橙都切成 1~2 厘米厚的片。糖、水放锅中煮沸后继续煮 2~3 分钟，熄火，加入柠檬酸，放入柠檬和柳橙浸泡几分钟。取出柠檬和柳橙，沥干，放在铺好烘焙纸的烤盘上，入烤箱低温烤约 3 小时至变干，取出晾凉。

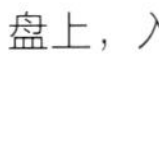

玻璃西洋梨片

50 分钟

1 个西洋梨（不去皮）
250 毫升水
130 克糖

做法

西洋梨切成约 2 厘米厚的片。糖、水放锅中煮沸，继续煮至糖溶化，转小火，放入梨煮 8~10 分钟至半透明。熄火，静置晾凉。烤箱预热至 135℃。梨片用厨房纸巾擦干，放在铺好烘焙纸的烤盘上，入烤箱烤约 30 分钟至酥脆干燥，密封保存。

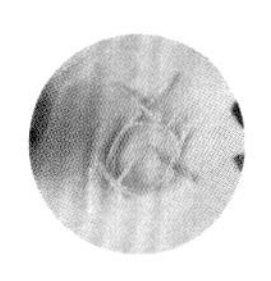

糖渍柠檬皮

2 小时

2 个有机柠檬
150 克糖（视个人口味增减）
120 毫升水

做法

1 柠檬皮去掉白色的内皮后切成细丝，淋上沸水烫一下，倒掉，用冷水冲洗。重复两次。
2 糖、水放锅中煮沸，继续煮至糖溶化，放入柠檬皮，用小火煮约 10 分钟。取出柠檬皮沥干，视个人口味可在糖中滚一下。

烤水果片

4~5 小时

适量新鲜水果或浆果（如柳橙、草莓、芒果、梨、苹果、火龙果、菠萝）

做法

水果或浆果切成薄片，放入 60℃的烤箱中烤 4~5 小时至水果片变得干燥酥脆，取出晾凉。

致　谢

特别感谢安娜·拉卡托斯（Anna Lakatos）、尼娜·路德维希（Nina Ludewig）、马丁·欧弗索尔（Martin Oversohl）、罗伯特·普塞克（Robert Pucek）、奥莉维亚·安（Olivia Ahn）参与和帮助本书的创作。感谢我的先生勒内（René）和其他家人的支持和鼓励，对我做的菜，家人一次又一次地当“小白鼠”。还要感谢莉安妮·柯尔夫（Lianne Kolf）给予的很多帮助。

原版书制作人员

负责人：桑娅·梅耶尔（Sonya Mayer）

理念、概念、文本、食谱、食品造型和编务：安克·诺亚克（Anke Noack）

摄影：弗洛里安·博尔克（Florian Bolk）

厨师：罗伯特·普采克（Robert Pucek）

蓝纹芝士蛋糕和巧克力慕斯的制作：纳丁·比彻姆（Nadine Beauchamp）

封面、版式设计及制作：安娜·拉卡托斯（Anna Lakatos）（www.finderisch.at）

手绘图：奥莉维亚·安（Olivia Ahn）

编辑：埃尔斯·丽格（Else Rieger）

转载：路德维希（Ludwig）

校对：克里斯蒂娜·克森格尔（Christiane Gsänger）

制作：贝蒂娜·齐柏林（Bettina Schippel）